U0040187

漫畫版

3小時讀通
基本粒子

大阪大學名譽教授・捷克理工大學客座教授
江尻宏泰◎著
臺灣大學物理系教授
陳政維◎審訂
陳銘博◎譯

前言

　　「物」，有其基本要素，是由基本要素組合而成的一個「物（物體）」。本書乃是藉由淺顯易懂的文字及繪圖，來說明「物」的基本要素——原子核及基本粒子的一本書。這些基本要素是 1 公分的一兆分之一尺度的超微小要素，乃是現代物理學的基礎。

　　早在西元前 5 世紀，希臘的哲人便已有了「物」具有一種最根本的基本要素——原子的想法。

　　19 世紀末，隨著近代科學的進步，確立了原子・分子為物之基本的觀念。例如，水是由水分子所組成，水分子則是由氧原子和氫原子組成。而原子是大小約 1 公分左右的一億分之一的微小粒子。

　　然而進入 20 世紀後，原子・分子為物之基本這一概念遭到推翻，出現了原子核・基本粒子才是物的基本要素的新觀念。亦即，原子乃是由位於原子中心的微小原子核及其周圍的電子所組成。而原子核則是由數個質子和中子所組成。

　　到了 20 世紀後半，又發現了質子和中子是由 3 個夸克組

成，而電子有微中子這夥伴。夸克和電子‧微中子才是構成「物」的基本要素，也就是「物」的「構成基本粒子」。

另一方面，宇宙間存在著使上述的基本粒子結合在一起，及產生運動的基本力，和負責傳遞這些基本力的「力的基本粒子」。亦即分別是電磁力及傳遞電磁力的光子；在原子核內將質子和中子結合在一起的核力（原子力）及居中斡旋的介子；束縛夸克的強交互作用（色力）及強交互作用之源的膠子；作用於微中子的弱交互作用及傳遞弱交互作用的弱玻色子。

在20世紀，由「物」之基本的「構成基本粒子」，及「力的基本粒子」組成的標準模型大致確立。

本書的目的在於以容易理解的方式，解說20世紀所建構出的嶄新基本粒子樣貌。內容呈現上以簡單易懂為第一優先，不使用數學公式，盡可能利用繪圖和文字來進行說明。

以讀者層的設定來說，是針對「物」之構成及物理之基礎有興趣的高中生和一般讀者。

在第1章，先從原子‧分子的觀念來做說明，並解說演進到原子核‧基本粒子的觀念演變的過程。

在第2章，邀各位進入原子核的世界，介紹原子核內質子和中子的各種轉動。質子和中子在1公分的一兆分之一大小的超微小滑冰場上，表演著自旋及繞轉之舞。在第3章，我們以簡單、容易理解的方式，來說明原子核主要的放射線及原子力（核能）之基礎。

第4章和第5章，要帶領各位觀賞超超微觀的夸克與微中

子的神奇世界。在這個世界裡，夸克老是窩在質子的口袋裡不出來；而微中子則是直接穿過地球，在宇宙中四處飛行。

在第 6 章，我們將簡單地說明宇宙和物理的根本性問題，例如宇宙初始、滿布在宇宙中的未知暗物質的真面目、基本力的統一等等。

筆者另有幾本與本書內容相關的著作，請參考閱讀。此外，本書非常適合作為日本講談社「BLUE BACKS 書系」於 2007 年出版的《絵で見る物質の究極》（圖解物質的基礎）的入門書。而想更要深入了解原子核及基本粒子的讀者們，筆者推薦《クォーク・レプトン核の世界》（夸克・輕子核的世界，日本裳華房出版）。適合專家閱讀的則有《原子核分光物理》（英文著作，Oxford 出版）。

關於原子核・基本粒子，坊間還有許多非常出色的解說書籍，筆者在編寫本書時也做了參考。

在執筆此書的過程中，Science・i 的益田總編輯給予我極大的鼓勵和協助。在主持英語教室的內人美也子以及擔任東京大學研究所副教授的長男晶，在閱讀過後也都給予筆者不少的建議。在此致上我最誠摯的感謝。

2009 年 8 月　於布拉格的捷克理工大學

江尻宏泰

CONTENTS

前言 ……………………………………………………………………………… 3

第1章 物質的構成與基本要素
～從奈米世界的分子邁進到
飛米世界的基本粒子～ ……………………………………… 9
1 物是由什麼組成的？ ……………………………………… 10
2 物存在基本要素嗎？ ……………………………………… 12
3 光是由什麼組成的？ ……………………………………… 14
4 什麼是波粒二象性？ ……………………………………… 16
5 原子是由什麼組成的？ …………………………………… 18
6 是什麼力量讓電子在原子內移動？ ……………………… 20
7 電子在原子內做什麼樣的運動？ ………………………… 22
8 原子放出什麼樣的光？ …………………………………… 24
9 分子和物是由原子的反應創造出來的？ ………………… 26
10 世間萬象皆因電子和光子而起？ ………………………… 28
11 原子核是由什麼組成的？ ………………………………… 30
12 原子核改變，原子就會改變？ …………………………… 32
13 質子是由什麼組成的？ …………………………………… 34
14 微中子的真面目是？ ……………………………………… 36
15 夸克和輕子是最基本的粒子？ …………………………… 38
16 使物運動的最基本的力之粒子是？ ……………………… 40

第2章 原子核的構成
～在超超微觀的飛米世界裡舞動的核子～ ………… 43
1 原子核是怎麼被發現的？ ………………………………… 44
2 構成原子核的粒子有哪些？ ……………………………… 46
3 原子核擁有異常的重量和大小？ ………………………… 48
4 原子核改變，原子就會改變？ …………………………… 50
5 將質子和中子牢牢綁在一起的核力是？ ………………… 52
6 介子如何傳遞核力？ ……………………………………… 54
7 質子和中子在原子核內做什麼樣的運動？ ……………… 56
8 什麼是原子核的殼層構造？ ……………………………… 58
9 以原子核分光法探測核子的運動 ………………………… 60
10 敲奏原子核會發出什麼樣的聲音？ ……………………… 62
11 原子核的變形與旋轉 ……………………………………… 64
12 怎麼利用原子核反應製造物質？ ………………………… 66
13 升高原子核的溫度會變得如何？ ………………………… 68
14 如何加速粒子？ …………………………………………… 70
15 要如何觀測原子核內的核子運動？ ……………………… 72

第3章 具有強大能量的放射線與核能
～核能的原理～ ………………………………………… 75
1 放射線是由什麼組成的？ ………………………………… 76
2 為什麼放射線具有高能量？ ……………………………… 78
3 放射線如何穿透物質？ …………………………………… 80

4　放射線的強度如何隨著時間變化？…………82
5　地球上有哪些放射性物質？…………84
6　如何製造放射性原子核？…………86
7　利用放射線可以看見什麼？…………88
8　放射線在日常生活中的用處？…………90
9　如何防護危險的放射線？…………92
10　原子核可以燃燒？…………94
11　鈾如何燃燒？…………96
12　如何有效利用核能？…………98
13　太陽裡燃燒的是什麼？…………100
14　是利用觸媒燃燒太陽內部的氫原子核？…………102
15　核融合能夠在地球上實現嗎？…………104
16　核融合能量能夠實用化嗎？…………106

第4章　超超微觀的飛米世界裡的基本粒子
　　　～被禁錮的夸克～…………109
1　質子和中子有夥伴嗎？…………110
2　奇異粒子如何產生出來的？…………112
3　介子也有夥伴？…………114
4　重子與介子所組成的強子大家族…………116
5　超核的不同之處？…………118
6　質子和中子是由什麼組成的？…………120
7　夸克的自旋和夸克磁鐵…………122
8　反質子和介子是由什麼組成的？…………124
9　夸克為什麼有三種顏色？…………126
10　夸克真的存在嗎？…………128
11　夸克重組反應…………130
12　束縛夸克的色力…………132
13　雷射電子光與夸克核分光…………134
14　夸克被禁錮著？…………136
15　充滿魅力的夸克…………138
16　第三代夸克的探索…………140

CONTENTS

17　夸克家族 ……………………………………… 142
18　什麼是夸克膠子・電漿？ ………………… 144

第 5 章　微中子的真面目
　　　　～穿過地球，看不見的基本粒子～ ………… 147
　1 . 微中子是什麼樣的粒子？ ……………………… 148
　2　微中子是如何被預測存在的？ …………………… 150
　3　看得到微中子的影子？ ………………………… 152
　4　如何將微中子變成電子？ ……………………… 154
　5　微中子是如何被證實存在的？ …………………… 156
　6　鏡子照不出微中子？ …………………………… 158
　7　微中子做左螺旋運動？ ………………………… 160
　8　傳遞弱交互作用，屬於重粒子的弱玻色子 …… 162
　9　第二代和第三代的微中子為？ …………………… 164
　10　輕子組與夸克組的衰變 ………………………… 166
　11　輕子的三代家族 ………………………………… 168
　12　如何製造微中子？ ……………………………… 170
　13　來自太陽的微中子風暴？ ……………………… 172
　14　微中子會來自地球內部嗎？ …………………… 174
　15　捕捉來自超新星的微中子 ……………………… 176
　16　大氣微中子的世代變換 ………………………… 178
　17　消失的微中子之謎 ……………………………… 180
　18　微中子的質量為？ ……………………………… 182
　19　雙重 β 核分光與微中子 ……………………… 184
　20　挑戰微中子的真面目 …………………………… 186

第 6 章　宇宙的誕生與基本粒子・原子核的形成
　　　　～原子核與基本粒子
　　　　　是如何形成的～ ………………………………… 189
　1　漂流在宇宙中的微中子和光子 ………………… 190
　2　宇宙中看不見的未知物質是？ …………………… 192
　3　宇宙中的暗物質 ………………………………… 194
　4　以 ELEGANT 核分光器尋找暗物質 …………… 196
　5　使物體運動的基本力與大統一理論 …………… 198
　6　物質不滅？ ……………………………………… 200
　7　宇宙中的原子核、基本粒子的形成 …………… 202
　8　宇宙初始與基本力的統一 ……………………… 204
　9　挑戰物質的終極樣貌 …………………………… 206

　　　結語 ……………………………………………… 208
　　　索引 ……………………………………………… 211

內文設計・美術指導：クニメディア株式会社
插畫：箭內祐士

第 1 章
物質的構成與
基本要素

~從奈米世界的分子邁進到飛米世界的基本粒子~

在作為本書入門的第 1 章，我們將從「物和光是由什麼組成」這個物理的基礎命題進入。先說明原子，接著是原子核，最後進入由夸克構成的基本粒子世界。希望你能徹底地學習到物質的構成基本要素究竟是什麼。

※奈米＝1 公尺的十億分之一；飛米＝1 公尺的一千兆分之一。

1 1 ★ 物是由什麼組成的？

在這個世界有各種各樣的物。地球上有山岳、河川、海洋以及生物，宇宙中有太陽和及銀河。還有看得見的光和彩虹，以及看不見的電和放射線。各種物千變萬化千差萬別，令人目不暇給。

但這些物是由什麼所組成的呢（圖 1-1A）？如果將這些物不斷地分割下去，出現的會是什麼呢？

希臘哲學家留基伯（Leucippus）和德謨克利特（Democritus）認為，將萬物在不斷地分割下，最後會得到最基本的要素：原子（atom）。Atom一詞源於希臘語，原意為「不可（a）分割的（tom）」，轉義為「不可再分割下去的基本要素」。亦即，萬物都是由原子所構成，並藉由各種原子的組合及再集合，而產生各種的物。在過去，認為原子乃是無法分割也無法合成的基本要素。

圖 1-1A 空氣、海洋、地球、太陽，這些物質是由什麼組成的？

有人說萬物都是由原子所組成的

攝於筆者位於「橫濱港灣未來」港區的自宅

圖 1-1B 啤酒的組成

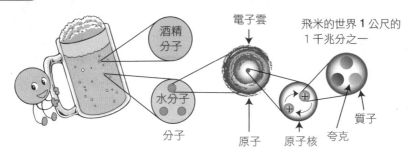

　　進入近代之後，這倡議原子是萬物之基本且原子是恆久不滅的原子論，在經過各種科學方法的驗證後成了定說。

　　一杯啤酒主要是由水及大約 5%的酒精等原料所組成。水和酒精的基本要素分別是**水分子**及**酒精分子**（圖 1-1B）。其中的水分子的個數約是 10 兆個的 1 兆倍。若寫成數字的話，1 的後面要連續寫上 25 個 0。水分子是由 2 個氫原子和 1 個氧原子所組成，所以一杯啤酒是由 10 兆個的 1 兆倍的氧原子和 10 兆個的 2 兆倍的氫原子所組成。這些原子的大小約為數公分的一億分之一而已，極其微小。

　　到目前為止看起來幾乎已經確立的原子論，在進入 20 世紀後卻被徹底地推翻。我們發現到原子既不是恆久不變也不是最基本的要素。原子乃是由位於原子中心的**原子核**及其周圍的**電子**（electron）所組成的。而原子核本身就是個大小為 1 公分的一兆分之一的**超微觀世界**。

　　又經過一段時間，我們發現到原子核原來是由一些質子（proton）和中子（neutron）集合而成的。到了 20 世紀後半，又發現了質子和中子也非基本要素，它們是由**夸克**（quark）所組成的。另一方面，發現了有不帶電的微粒子－微中子（neutrino）的存在。電子與微中子屬於**輕子**（lepton）。

　　萬物皆是由稱為夸克和輕子的**基本粒子**（elementary particle）所組成的，而基本粒子乃是**超超微觀世界**裡的基本微粒子。

1 2 ★ 物存在基本要素嗎？

德謨克利特等人所提倡的原子論，主張存在有無法再分割的基本要素，是種非常數位性的物質觀。物質內的原子，等同於是數位相機感光部裡的像素。

隨著科學的進步，**最基本要素從原子、原子核、質子和中子，到現在的夸克變得愈來愈小**，然而這種「存在有某一大小的基本要素」的觀念，就是種數位的物質觀。

就像我們寫的文章，也同樣有基本要素。英語有 26 個字母，日語的假名約有 50 個。所有的句子都是由單字組合而成，而所有的英文單字都是 26 個字母的組合。

物是由什麼構成的呢？這要看我們選擇的是什麼樣的觀點。以人體為例，巨觀來看，是由腦部、心臟等器官及肌肉、骨頭等所構成；從微觀來看，則是由水分子、蛋白質分子等分子所組成。水分子就如同前一節中已提過的，是由 2 個氫原子和 1 個氧原子集合而成，而蛋白質分子則是由許多碳、氫、氧等原子集合而成。

對物質施加高熱或電壓使之分解，物質就會分解成分子和原子。將水加熱至 100 度，水分子會蒸發成水蒸汽。如果把水予以電解，會分解成氫原子和氧原子。而若運用化學反應讓各種原子組合起來，就能合成出許多種的分子。

到 19 世紀為止，原子核一直被包圍在電磁場的高牆內，無法為人類所見。在 19 世紀末到 20 世紀這段時期，當放射線被發現後，人們才曉得原子是由電子及原子核所組成。

之後沒有多久，物理學家使用加速粒子射線，這種具有強大能量的量

子束，成功突破了原子核周圍的高牆，揭開原子核是由質子和及中子所組成的真相。到了 20 世紀後半，更進一步地了解到質子和中子是由夸克所組成（圖 1-2）。

細胞、分子、還有原子，不論是哪一種要素，皆占據著固有的場所（空間）。同樣地，這也可套用於電子、原子核、質子和中子，以及夸克上。這些物質構成要素（構成粒子）占據著固有的空間，且同一個場所不會有兩個以上重疊。

圖 1-2 從原子邁進到原子核及基本粒子的世界

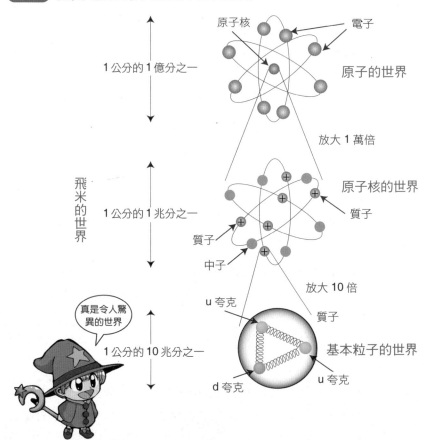

光是由什麼組成的？

　　光看起來雖然是連續不間斷的，但光仍然是由光的要素所組成的。愛因斯坦（註 1：第 1 章的註解在第 42 頁）於 1905 年提出了光量子假說，認為光是由稱為光子的微小粒子組成。同一個時期，有人認為物質內和原子周圍存在有電子（註 2）。

　　以光照射金屬板，光子和金屬內的電子會如同撞球般相撞，且電子會被彈飛出去。若以紫外線照射，會飛出高能量的電子；若是以紅色光照射，會飛出低能量的電子。以愈強（愈亮：高輝度）的光照射，會飛出愈多的電子（圖 1-3A）。

　　紫外線是由高能量的光子所組成，紅色光是由低能量的光子所組成，綠色光則介於中間。強光是由許多的光子組成，弱光則是由少量的光子組成。在海邊會因為紫外線而容易曬黑，這是因為高能量的光子促使皮膚的電子運動，而使得皮膚產生變化之故。暖爐發出的紅色光或紅外線，其光子具有的能量較低，因此不管照射再久皮膚也不會變黑。

　　就像物質是由數量龐大的分子和原子所組成一樣，光也是由許多的光子所組成。假設 100 瓦的電燈，能量有一半是以綠色光的形態放出，則每秒會放出 1 兆個的 1 億倍光子。數量和一滴水所含的水分子個數相當。

　　屬於物之構成要素的電子、原子核、質子，和屬於光之構成要素的光子，實際上是完全異質的粒子（註 3）。在同一場所裡，能夠同時有許多的光子存在，例如點亮 10 顆燈泡時，光（光子）會重疊在一起，使亮度增加為 10 倍。

　　當具有某大小能量的光子，正面撞擊金屬板內的電子時，光子會湮滅，飛出具有和該光子能量大小大約相同能量的電子。而當具有某大小能

量的電子撞擊金屬板時，則會飛出具有大約相同能量的光子（圖1-3B）。

電子不會湮滅又產生，但光子會湮滅又產生。也就是說，屬於物之構成要素之一的電子，會移動也會停下來；且運動狀態雖然會改變，但數目不會增減。而非屬物之要素的光子，其數目則會增減。

圖 1-3A 光具有波粒二象性

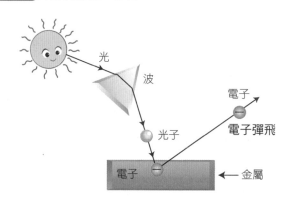

圖 1-3B 光子和電子之間的作用

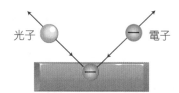

光子會因被吸收、放出而湮滅、產生。電子雖然可不斷地進出，但不會湮滅也不會產生。

1 4 ★ 什麼是波粒二象性？

　　光，具有波粒二象性，即具有波和粒子的**雙重性質**。光的干涉現象和繞射現象就是波的性質。波的波峰和波峰相遇時會相加，而波的波峰和波谷相遇時則會互相抵消。同時，光是由光子所組成，會有如同粒子般的表現。光子乃是具有能量和動量的粒子，但是光子不具質量（重量）。

　　屬於波之性質的波長及屬於粒子之性質的能量，兩者之間有著緊密的關係。光子（質量為 0 的粒子）的能量和波長成反比（註4）。波長愈短，能量愈高；波長愈長，能量愈低。這和鋼琴琴弦愈長音調愈低，琴弦愈短音調愈高相同。

　　若以**電子伏特**（electron volt；電子以 1 伏特的電壓加速後獲得的能量）作為能量的單位，以微米（μm，即千分之一公釐(mm)）作為波長的單位，則紫色光的波長為 0.4 微米，光子具有 3 電子伏特的能量。而紅色光的波長為 0.7 微米，光子具有約 2 電子伏特的能量。

　　光除了人類的眼睛能看得到的可見光之外，還有紫外線和紅外線等不可見光。醫生在進行胃部等檢查時所使用的 X 射線（X-ray）以及屬於放射線的 γ（gamma）射線，兩者都是波長非常短而光子能量非常高的光。

圖 1-4A 各種光（電磁波）的波長及光子的能量

光子（電磁波）	波長（cm）	電子伏特
地面數位波	～50	100 萬分之二
可視光（綠色）	10 萬分之五	2.5
X 射線	1 億分之一	1 萬
放射線、γ射線	千億分之二	500 萬

圖 1-4B 電子射線的繞射

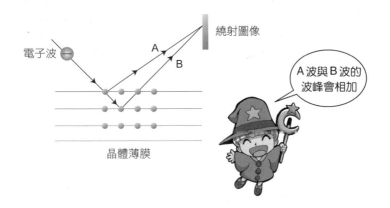

相較於可見光，X 射線的光子波長短了數千倍，γ 射線的光子波長短了數十萬至百萬倍，能量也就高了相應的倍數。因為具有這麼高的能量，所以足以進入人體內。

電視和行動電話的無線電波，基本上也是和光一樣的。只是它們的波長範圍為 1 公尺到 0.1 公尺，是可見光的大約百萬倍長。無線電波的光子能量約為可見光光子能量的百萬分之一。

無線電波、可見光、X 射線、γ 射線等，總稱為電磁波（圖 1-4A），都是電場與磁場的波。會與電子這類具有電場與磁場的粒子之運動相連動，而被放出・吸收。

剛開始電子的出現，是以粒子之姿登上物理的舞台的，然而到了在 20 世紀初，德拜（P. Debye）和菊池（註 5）等物理學家，發現電子如同光一般具有波的性質（圖 1-4B）。同樣地，質子和中子也具有波粒二象性。在 1920～1930 年代，物理學家們建構出能夠適用於微觀世界的量子力學，建立了波及粒子這兩種性質能夠共存的力學理論。萬物皆具有波的性質，而波長和動量成反比。我們將這樣子的波稱為物質波。

原子是由什麼組成的？

1 5 ★

　　人類一直到 19 世紀，都還認為原子是構成物質的基本要素。而進入 20 世紀後，開始有人主張原子內存在一個核的學說。長岡（註6）那時認為原子中心有一個核，而電子就像土星環一樣繞著核轉（圖 1-5A）。

　　1911 年，拉塞福（註7）利用當時剛接觸不久的放射線 α（alpha）射線來探尋位於原子中心的原子核。若以電子的電荷作為單位（註8），α 射線的電荷為 ＋2，質量重一點的原子核會帶有數十個正（＋）電荷。α 射線非常靠近原子核時，會被同樣帶正電荷的原子核所反彈（圖 1-5B）。

　　電斥力會和距離的平方成反比。距原子核愈近排斥力愈大，α 射線的偏折角度也會愈大。從 α 射線偏折的角度，可推算得原子核是大小約 1 公分的一兆分之一的微小粒子。

　　若將電斥力換算成能量，約有為數千萬電子伏特。亦即原子核是由數千萬電子伏特，如高山般的電能高牆所包圍，簡直像是懸崖下的秘境般。

　　放射線是一種具有千萬電子伏特的極高能量射束（量子束）。人們使用放射線才首次觸及原子核的邊緣，而確認有原子核的存在。在這之後，物理學家們利用高能量的加速射束進行實驗，原子核大致的樣貌才為人所知曉。

　　在原子的中心存在微小的原子核，其周圍有一些電子像雲一樣散布圍繞著（圖 1-5B 的右圖）。我們把原子內具有的電子個數稱為原子序（atomic number）。原子核具有和電子個數相同數量的正電荷。

　　關於整個原子的電荷量，原子核周圍有原子序數量的帶負（－）電荷電子，原子核則具有相同數量的正電荷，兩者剛好正負相抵消。例如，原子序為 13 的鋁原子，其電子的個數為 13；原子序為 82 的鉛原子，其電子

的個數為 82。

　　原子核的大小非常的小，為原子大小的一萬分之一。鋁原子核的大小
約為 0.8 公分的一兆分之一，鉛原子核的大小約為 2 公分的一兆分之一。
若將原子的大小比喻作巨蛋球場，則原子核大概就是一顆葡萄的大小。而
繞著原子核周圍轉的電子雲，則像是空氣一樣滿布在整個巨蛋球場裡。

圖 1-5A 原子的中心有核

土星

電子雲

原子核

圖 1-5B 使用 α 射線探尋原子核

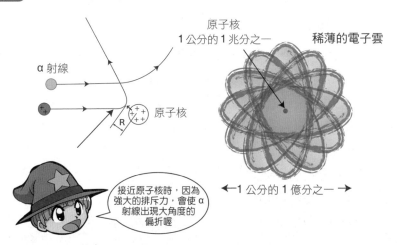

原子核
1 公分的 1 兆分之一

稀薄的電子雲

α 射線

原子核

R

接近原子核時，因為
強大的排斥力，會使 α
射線出現大角度的
偏折喔

←1 公分的 1 億分之一→

1 6 ★ 是什麼力量讓電子 在原子內移動？

　　位於原子中心帶正電荷的原子核，和位於原子核周圍帶負電荷的電子，會因靜電力（電磁力）而相互吸引。由於原子核和電子都具有質量（重量），所以也會因萬有引力而相互吸引；但萬有引力比電磁力小了 10^{35} 倍，故可將萬有引力忽略。

　　電子是在將其拉向中心的電磁力，和使其遠離中心的離心力，兩者平衡的狀態下繞著原子核轉。

　　以繞著太陽轉的地球為例，太陽的質量非常大（重），所以有非常大的萬有引力作用著。而地球就是在將其拉向中心太陽的萬有引力，和使地球遠離太陽的離心力，兩者的平衡狀態下繞太陽公轉。

　　在原子核附近的場（空間）裡，電子會因電磁力而被拉向原子核，這可視為是電磁力的空間（場）。原本在不存在原子核時的平坦空間，會因為帶電荷的原子核而歪曲成缽狀。位於缽的斜面的電子雖然被往中心拉引，但電子會進行繞轉運動，離心力與電磁引力因而保持平衡。

　　在電磁場缽（歪曲的場）裡，向中心拉引的電磁力強度和斜面的斜度成正比。電磁力的強度是離中心愈近愈強，離中心愈遠則愈弱。亦即缽的斜度是離中心愈近愈陡，離中心愈遠愈平緩（圖 1-6A）。

　　另一方面，繞原子核轉的電子繞轉速度愈快，離心力就愈大。因此，為了取得和電磁引力間的平衡，離中心愈近的電子繞轉速度會愈快，離愈遠的則會愈慢。

　　電子被電磁力拉向原子核時，是經由光子將來自原子核（正電荷）的電磁力傳遞給電子（負電荷）。

　　不只是原子核如此，一般而言，在電荷周邊都有會電場存在，而有電

場的地方就會有電磁波。也就是說，屬於電磁波粒子的光子到處在移動。光子會不斷進出原子核（正電荷）。由於光子不具質量（重量），所以能夠自由移動到任何地方。

　　從原子核出來的光子會被周邊的電子（負電荷）吸收，然後再被放出。該光子會往原子核處移動而被原子核吸收。電子和原子核間便是透過光子這樣的吸收與放出而互相拉引（圖 1-6B）。

　　由於光子會往四方散布，所以隨著距離的增加，光子的個數（密度）和電磁力（電場強度），會以和距離的平方成反比的關係，而分別減少和變弱。例如，當距離增加為 10 倍時，電磁力就會變為原來的百分之一。

圖 1-6A 原子內的電磁力場

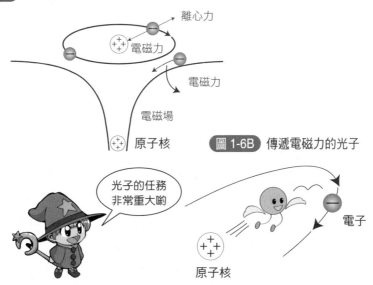

圖 1-6B 傳遞電磁力的光子

電子在原子內做什麼樣的運動？

　　電子在原子內是一邊受到電磁力的作用，一邊沿著固定軌道繞著中心的原子核轉。且電子還永遠保持著自旋（spin）。即電子一邊進行右旋或左旋的自旋，一邊往左或往右繞著電磁場內的固有軌道。

　　電子繞著原子核轉的情形，可以用行星繞著太陽轉來比喻，只是在太陽系這樣的巨觀世界裡，行星繞轉太陽時是遵循**牛頓力學**的法則。

　　而在像原子內這樣的微觀量子世界裡，電子具有波粒二象性，遵循著**量子力學**的法則在運動。

　　在電子以波動的形式，從原子內的某點出發，繞轉一圈後回到出發點的情形中，如果是從波的波峰出發，則繞轉一圈回到出發點時也必須是在波峰。為此，軌道周長必須能夠被波長整除才可以。

　　電子的波長和動量成反比，只要波長決定了，動量就能決定，能量也就決定。此外，電子繞軌道時，將電子拉向原子核中心的電磁力和離心力，必須保持平衡的狀態（圖 1-7A）。

　　原子核內的電子軌道與能量（動量）是以上述條件決定的。而以上述條件所決定的電子軌道，愈外側的周長愈長。由內向外分別是電子的波長的 2 倍、3 倍。愈外側的軌道，規模愈大。亦即，電子的軌道的大小是依其不連續（離散）的分布位置而定，電子的動量和能量也相應地具有不連續的值。這種不連續分布的能量值，稱為量子化。

　　原子內有和原子序相同數目的電子在繞著固定軌道轉，同時該些電子也在做右旋或左旋的自旋。各軌道各有規定的座位數目（定額），電子會從內側開始依序就座。

　　原子最內側軌道的座位有 2 個。其外旁有 2 條軌道，全部有 8 個座

位。以原子序為 7 的氮原子為例，2 個電子在最內側的軌道上繞轉，另外
5 個電子則在外旁的軌道上繞轉。氮原子的電子軌道如圖 1-7B 所示。

　　原子內乃是量子世界，電子的運動就像波一樣，會在其軌道附近如同
雲般一邊散開一邊移動。散開的幅度是數公分的一億分之一左右，這形成
了原子的大小。

繞原子核周圍轉的電子的波形路徑

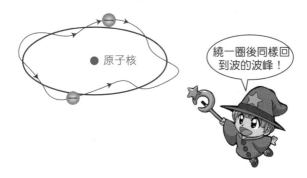

圖 1-7B 氦原子內的電子軌道概念圖

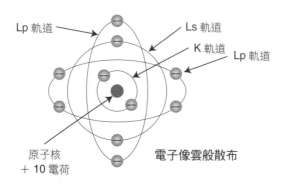

1 8 ★ 原子放出什麼樣的光？

要調查原子內的電子運動，我們可以採取對原子放出的光進行分析的方法。如前面的 1-3 節所述，電子和光子彼此間有力在作用著，所以我們可以從光子的吸收及放出，來了解電子的運動。

特定能量的光子撞擊繞原子內某軌道轉的電子時，電子會將光子吸收，進而躍遷到更外側的的軌道進行繞轉。由於各軌道的電子的能量是固定不變的，因此光子的能量，就是內側軌道的電子的能是和外側軌道的電子的能量之差。此外,發生躍遷的先決條件是躍遷的目的地──外側軌道未被坐滿仍然有空位。

躍遷到外側軌道的電子，不久就會將光子放出而返回到內側的軌道。這裡所放出的光子的能量，乃是外側軌道的電子的能量和內側軌道的電子的能量之差，相當於一開始被電子吸收的光子的能量。

因此，我們只要量測被原子（內的電子）吸收的光子，和被放出的光子的能量，就能了解各軌道的電子的能量和空位的狀況。像這樣調查原子內的電子的軌道和運動的方法，叫做原子分光法（圖 1-8A）。

圖 1-8A 原子分光法

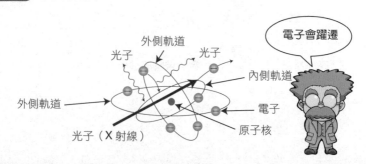

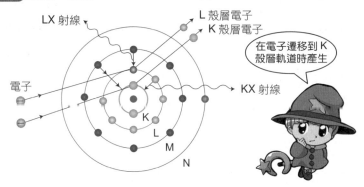

圖 1-8B 產生 X 射線

LX 射線

L 殼層電子
K 殼層電子

電子

KX 射線

在電子遷移到 K
殼層軌道時產生

K
L
M
N

　　原子內的軌道依能量而區分，各軌道群形成殼層（shell）。從最內側開始分別是 K 殼層、L 殼層、M 殼層。以具高能量的電子或光子，撞擊 K 殼層軌道的電子時，受撞擊的電子會獲得足夠的能量而飛出原子外。如此一來，K 殼層的軌道便出現空位，屬於外側 L 殼層和 M 殼層的軌道上的電子，就會躍遷到 K 殼層的空位，並放出相當於兩軌道間能量差的光子。

　　此時，被放出的光是稱為 KX 射線的特徵 X 射線（characteristic X-ray）。以原子序為 29 的銅原子為例，其 KX 射線的光子的能量約為 8 千電子伏特；而原子序為 82 的鉛，則約為 7 萬～8 萬電子伏特（圖 1-8B）。

　　原子序愈大，原子核的電荷就愈多，拉引電子的電磁力也會愈大。因此電子的能量會跟著增加，X 射線的能量就會多增加該能量差。我們只要調查 X 射線的能量，就能了解軌道上的電子的能量。

1 9 ★ 分子和物是由原子的反應創造出來的？

在原子裡，內側軌道的電子，由於靠近位於中心帶正電荷的原子核，因此和原子核之間會因強大的電磁力而結合在一起。而外側軌道的電子，由於距離原子核較遠，所以結合力也較弱，容易脫離原子。

要使因電磁力而與原子核結合的電子，掙脫該電磁力而脫離原子，所需要的能量稱之為**結合能**。而愈往內側，結合能愈大（圖 1-9A）。

有一原子序為 Z 的原子，當其外側軌道的電子飛出去，而產生空位時，全體的電子數便減少 1 個，變成了 $Z-1$。而由於原子核的電荷為 $+Z$，所以原子的整體電荷值就變成了 $+1$。像這樣子不是電中性（0）的帶正電原子，我們稱它為**正離子**。此外，若有一個電子從外面進入了外側軌道，使得電子數目變成 $Z+1$，就變成了整體電荷性為負（－）的**負離子**。

前面已經提過原子內的軌道上的座位數是有規定（定額）的。一般而言，一軌道上的座位一旦被電子坐滿，就會達到穩定的狀態。既不會有電子從外進入該軌道，該軌道的電子也不容易跑出去。

利用化學反應能夠使得原子和原子間產生交換，或共有各自的外側軌

圖 1-9A 電子的結合能

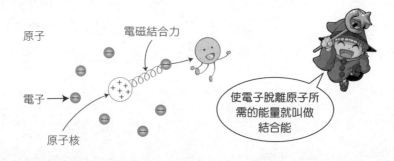

原子

電磁結合力

電子 →

原子核

使電子脫離原子所需的能量就叫做結合能

圖 1-9B 電中性原子與正、負離子

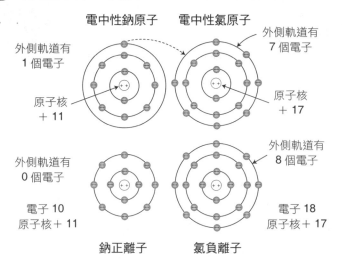

電中性鈉原子　　電中性氯原子

外側軌道有
1 個電子

外側軌道有
7 個電子

原子核
+ 11

原子核
+ 17

外側軌道有
0 個電子

外側軌道有
8 個電子

電子 10
原子核 + 11

電子 18
原子核 + 17

鈉正離子　　　　氯負離子

道的電子，而達到原子間的結合，從而合成出分子。

　　鈉原子內的外側殼層軌道有 8 個座位，但軌道上只有 1 個電子；氯原子內的外側殼層軌道有 8 個座位，但軌道上只有 7 個電子。若從鈉原子處有 1 個電子飛出並遷移至氯原子的電子軌道，則鈉原子和氯原子就會分別變成鈉正離子和氯負離子，兩者結合產生稱為氯化鈉的鹽分子。我們把這叫作**離子鍵結**（圖 1-9B）。

　　而不論是在將原子和原子結合以合成分子的情況中，或是在將分子分解成原子的情況中，同樣都是由結合能較小的外側電子參與這些反應。因此能夠以其結合能（約為幾個電子伏特）大小程度的能量，來進行分子的合成和分解。

　　由銅原子與鋅原子所組成的黃銅（合金），僅是原子外側的結合，銅原子和鋅原子以及中心的原子核都沒有任何改變。而銅是不管如何都無法成為具有金的原子核的金原子。鍊金術在過去發展至 19 世紀，全都以失敗告終。

1
10 ★
世間萬象皆因電子和光子而起？

　　日常生活中各種現象幾乎都是原子和原子所組成的分子的表現。在原子·分子內實際上進行活動（工作）的，主要是原子外側的電子，使電子運動的則是電磁力，而傳遞電磁力的是光子，因此主角是電子和光子。

　　牢牢結合著的內側電子位於電磁力的深井之中，和外界大致上無緣。位於原子中心的原子核就更不用說了，被又高又厚的圍牆包圍著，連探個頭都辦不到（圖 1-10A）。

　　形成世間萬象的物之基本要素是原子和原子所組成的分子。物質中有像是純金一樣單獨由金原子構成的物質，而藉由原子的組合，能夠合成出各式各樣的分子，進而創造物質。

　　形成生物基礎的遺傳基因和蛋白質，也是由許多的分子所構成的，而其中的分子又是由許多的原子所構成。遺傳基因所具有的功能也是取決原子和分子內的電子。

圖 1-10A 原子之間藉由電子相結合

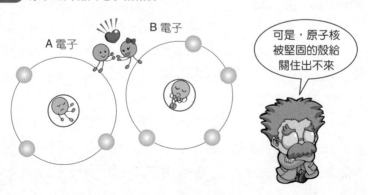

A 電子　　　　B 電子

可是，原子核被堅固的殼給關住出不來

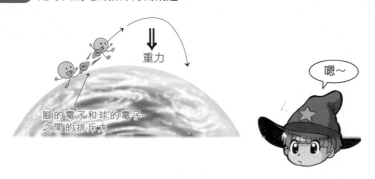

圖 1-10B 足球因為電的排斥力而飛起

重力

腳的電子和球的電子
之間的排斥力

嗯～

　　我們所搭的列車之所以會前進，是因為電流流過列車馬達的線圈產生磁場，藉由電磁作用使馬達轉動再帶動車輪轉動，車輪表面的電子和鐵軌的電子相互排斥而推動列車前進。

　　棒球投手投出的球會旋轉，也是因為球表面的電子和空氣分子的電子之間的電磁力作用所致。以球棒擊球，球會飛出，也是因為球棒外側的電子和球外側的電子的排斥力作用所致。但球會掉回地面則是地球的引力作用所致（圖 1-10B）。

　　視力、判斷力、腕力，也全都是電磁力的作用。來自球的光作用於打者眼睛的電子，電便流過神經到達大腦，大腦的電子產生反應，將電的訊號傳遞到肌肉，而揮擊球棒。

　　使用行動電話時，A 的行動電話的電子振動放出無線電磁波（光子），B 的行動電話天線內的電子吸收該光子而運動，最後作用於電子電路元件的電子而產生了聲音和圖像。

　　上述種種都是我們生活當中一般日常用品的現象，可知在原子・分子的世界中確實是由電子・光子所主宰。

　　然而，若我們將目光移到太陽和宇宙以及超高溫・高能量現象時，可就是由原子核・基本粒子擔任主角的世界了。接下來就讓我們一步步來窺探原子核和基本粒子的世界吧。

原子核是由什麼組成的?

原子核是位於原子中心的核,具有和原子序相同數目的正電荷。最輕的原子核是原子序為 1 的氫原子的氫原子核。若以電子的電荷作為單位,氫原子核的電荷量為＋1。我們也把氫原子核稱為**質子**,其質量(重量)約為電子的 2 千倍。

若將電子從氫原子彈飛出去,氫原子就變成帶＋1 電荷的氫離子,就是氫原子核,也就是質子。

若利用加速器加速氫離子(質子),便能夠獲得高能量質子束(beam)。若以高能量質子束射進原子核,質子會突破電能障壁進入原子核內,將原子核內的粒子擊出。這和以高能量電子射進原子將原子內的電子擊出是一樣的。

圖 1-11A 原子核是由質子和中子組成

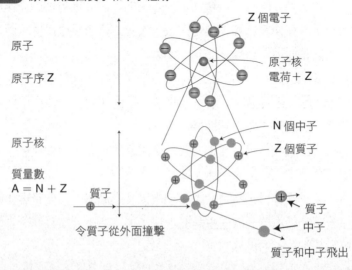

圖 1-11B　氖原子核的同位素

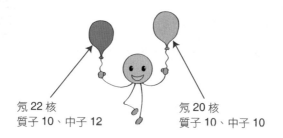

氖 22 核
質子 10、中子 12

氖 20 核
質子 10、中子 10

在被擊出原子核的粒子之中，除了質子之外，還出現了重量和質子大約相同但不帶電荷的粒子。因為這種粒子不帶電荷，所以稱為**中子**。中子的發現者是**查德威克**（註 9）。

海森堡（註 10）證實了原子核，是由和原子序相同數目的質子和原子序差不多數量的中子所組成（**圖 1-11A**）。舉例來說，氮的原子核的質子和中子皆為 7 個，而鐵在主要的情況中，原子核裡的質子為 26 個、中子為 30 個。

質子數Z與中子數N加總後的數目Z＋N稱為**質量數**。原子內電子的質量為質子和中子的0.1%以下，因此原子的質量幾乎就等於是原子核的質量。

一原子序為 Z 的原子，其原子核內的質子數雖然和原子序同樣為 Z，但中子數N就不一定了。相應地，為兩者之和的質量數也會跟著不同。原子序Z＝10 的氖原子的原子核，有90%是質子數為 10、中子數為 10，質量數為 20；有 10%是質子數為 10、中子數為 12，質量數為 22。這種氖原子核分別叫做氖 20 核和氖 22 核（**圖 1-11B**）。

有些原子擁有原子序相同但質量數不同的原子核，我們將該些原子稱為**同位素**。日常物質的原子性質是由電子（數）決定的，因此原子序（電子數）相同的同位素會具有相同的性質。雖然氖 20 和氖 22 的原子是相同性質的氖原子，但兩者的原子核的性質卻是截然不同。說明留待第 2 章再詳述。

原子核改變，原子就會改變？

原子中心的原子核，被堅固的電能圍牆所包圍著。平常的熱、壓力、電、化學反應，無法讓原子核產生任何的變化。

過去的原子論認為原子核和其具有的電荷都是不變的，因此和原子核的正電荷維持平衡的電子數也是不變的，組成的永遠都是電中性的原子，且即使原子表面（外側）的一些電子，因化學反應或分子合成而有所變化，但原子本體仍是不變、不滅的。

這樣的原子論論述到了 20 世紀遭到了推翻，因為物理學家發現原子中心的原子核是會改變的。

放射性元素的原子，內部的原子核會放出放射線而衰變為不同的原子核。只要原子核的質子數改變，原子核的電荷量就會改變，原本的原子也就會變成不一樣的原子（圖 1-12）。天然鈾的原子核，有 92 個電荷，在放出各種放射線後，會衰變為有 82 個電荷的鉛原子核。相對地，原子序 92 的鈾原子也就變成了原子序 82 的鉛原子。

進入 20 世紀後，物理學家發明了加速器，能夠將質子（氫離子）和電子加速到數百萬電子伏特以上。這種高能量粒子束能夠突破原子核周圍的電能高牆，飛進原子核內觸發原子核反應。

在原子核內，質子和中子因稱為核力的強交互作用而牢牢地結合。核力乃是核能的源頭，比電磁力強了千倍左右。若將能量數百萬電子伏特以上的入射粒子束射進原子核裡，原子核表面的質子和中子便會從原本的結合中掙脫而被放出到外面，原子核也就改變了。

若將具有數千萬電子伏特能量的質子射進氧原子核（質子數 8），有可能會將 1 個質子和 1 個中子彈出來。這結果使得氧原子核變成了氮原子

核（質子數 7），氧原子也就變成了氮原子（圖 1-12）。

　　這種原子核的轉變過程稱為**原子核反應**。雖然化學反應沒能讓原子改變，但原子核反應能使得原子核轉變，使得原子改變。只要將原子核射束加速射入一原子核，要將之變成金的原子核也辦得到，也就是說鍊金術是能夠實現的。關於原子核反應留待第 2 章詳述，而放射線的部分則留待第 3 章詳述。

圖 1-12 原子核改變，原子就改變

放射性衰變

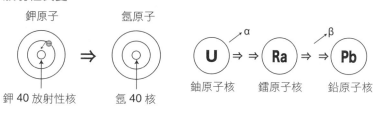

原子核反應

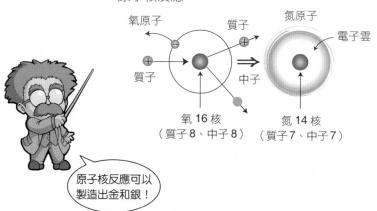

原子核反應可以製造出金和銀！

質子是由什麼組成的？

　　若對利用高能量質子和光子觸發的原子核反應，所產生出來的粒子進行調查，會發現除了質子和中子之外還有其他粒子存在。其中的某一種粒子的質量比質子大（重），另一種粒子的質量則比質子輕了許多。

　　質子和中子統稱為核子（nucleon）。我們把質量重的粒子稱為**重子**（baryon），質量輕的粒子則稱為**介子**（meson）。重子和介子還有其他質量和電荷性等性質皆不同的各種重子夥伴和介子夥伴。

　　在介子的夥伴之中，最輕（質量最小）的介子是π（pi）介子，它就是湯川（註 11）所預測、傳遞核力的粒子。π介子的重量是質子質量的七分之一左右。另一方面，在重子的夥伴之中，最輕的重子是核子。

　　原子核是由數個質子和中子所組成，由質子數和中子數的組合方式能夠產生各式各樣的原子核。同樣的道理，質子、中子以及重子和介子也有可能是由某些基本的數種粒子所組成的。

　　蓋爾曼（註 12）和茨威格在推論後認為，基本粒子乃是具有 3 種「味（flavour）」的夸克和反夸克（註 13）。所謂的反夸克，是指質量相同但電荷性等性質相反的夸克。

　　夸克和反夸克分別有 u 夸克、d 夸克、s 夸克和反 u 夸克、反 d 夸克、反 s 夸克。若以質子的電荷為單位，則各夸克的電荷量分別是 u 夸克為（＋ 2/3）、d 夸克和 s 夸克為（－1/3），反夸克則是相反的電荷性。

　　質子和中子等重子是由 3 個夸克組成。詳細而言，質子是由 2 個 u 夸克和 1 個 d 夸克組成，因此質子的電荷量為 2 個（＋ 2/3）和 1 個（－1/3）加起來的＋ 1。中子則是由 1 個 u 夸克和 2 個 d 夸克組成，電荷量則為 1 個（＋ 2/3）和 2 個（－1/3）加起來的 0。有一種粒子是由 u 夸克和 d 夸克

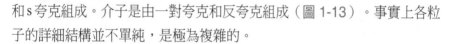

和s夸克組成。介子是由一對夸克和反夸克組成（圖 1-13）。事實上各粒子的詳細結構並不單純，是極為複雜的。

　　物理學家以高能量電子束進行質子調查後，確認了質子內存在夸克。也確認了夸克除了 u、d、s 之外還有另外三種，全部共有 6 種夸克，且各自都有對應的反夸克。我們將夸克的 6 個種類稱為 6 種味。等到了第 4 章我們再詳細說明夸克以及夸克的「顏色」。

圖 1-13　質子、中子、介子由夸克組成

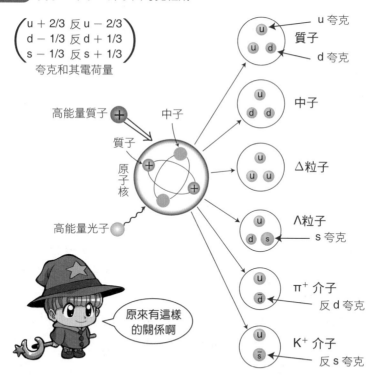

微中子的真面目是？

依據愛因斯坦的質能換算公式，原子核具有質量乘上光速平方這數量的靜止質量能。放射性原子核因 β（beta）衰變放出電子而衰變成別的原子核時，原子核的質量會變輕，且會有等量的靜止質量能轉變為電子的靜止質量能和動能。

放出放射性原子核、電子、放射線後的原子核，不論是哪種原子核，由於質量都是固定的，因此物理學家推測電子的動能也會是固定不會變的值。但經實際量測後發現電子的能量並不是固定的，而且還比推測值小，這肯定是有我們觀測不到的某些粒子帶著能量被放出去了。1930 年，包立（註 14）提出是電中性的微粒子－微中子一起和電子被放出（圖 1-14A）的看法。

微中子不帶電荷，也幾乎沒有質量，是種遑論厚鉛板、連地球都能穿透的微粒子。從包立預測微中子的存在後又經過四分之一世紀，萊因斯（註 15）與柯溫證實了包立的想法。

微中子是電子的姊妹粒子，是不帶電的電子，或者說是脫掉了電荷的外衣而裸身的電子。由於不帶電，因此微中子與鉛內的電子和原子核之間沒有電磁力的作用，而與原子核之間也沒有核力（原子核）的作用，所以不論是厚鉛板或地球都能穿透。

有種放射性原子核會因新型力——弱交互作用的作用放出電子與（反）微中子而衰變成別的原子核。此外，電子也會因弱交互作用的作用而脫掉電子的外衣，轉變為微中子而被放出原子核外。有時候是微中子從外面進入，因和原子核之間的弱交互作用的作用而變成電子。

如上述般，電子和微中子藉由弱交互作用而成組（或成對）出現（圖

1-14B）。我們將電子和微中子這組合稱為輕子。

　　輕子除了電子和微中子的組合之外還有其他 2 組，全部有 3 組，共 6 種的輕子存在。6 種輕子各有相反性質的反粒子存在，所以有 6 種反輕子。剛好和 6 種夸克及 6 種反夸克對應。

　　電子會位於原子內，而微中子由於不帶電，和原子核之間沒有電磁力作用，因此微中子不會停留在原子內。關於微中子更詳細的內容，留待第 5 章再說明。

圖 1-14A　放射性原子核的 β 衰變

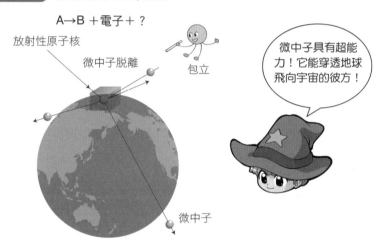

圖 1-14B　電子和微中子互相交換

夸克和輕子是最基本的粒子？

　　構成物質的基本要素是夸克和輕子。夸克有 6 種，每兩種成一組，共有三組，即上（u）夸克（up quark）和下（d）夸克（down quark）、奇（s）夸克（strange quark）和魅（c）夸克（charm quark）、底（b）夸克（bottom quark）和頂（t）夸克（top quark）三組。d、s、b 夸克的電荷值為 $-1/3$，u、c、t 夸克的電荷值為 $+2/3$。

　　另一方面，輕子則有電子微中子和電子、μ介子微中子和μ介子（muon）、τ子微中子和τ子（tauon）三組，也就是有三代。微中子的電荷值為 0，而與其成對的粒子的電荷值-1。我們將夸克和輕子的三個組稱作三代（圖 1-15A）。

　　夸克和輕子還具有相反性質的反粒子，所以有 12 種的夸克和 12 種的輕子，共 24 種粒子。

　　這些粒子之中，屬於第一代的 d 夸克和 u 夸克是構成現存質子和中子的粒子，屬於第一代的電子也是現存原子的構成粒子。其他代的夸克和輕子（μ介子、τ子）則是存在於宇宙初始時，並不存在於現在的地球，但能

圖 1-15A 物的構成基本要素：基本粒子

這些是基本粒子的基本要素，要好好記住才行呦！

圖 1-15B 宇宙中有許多種粒子

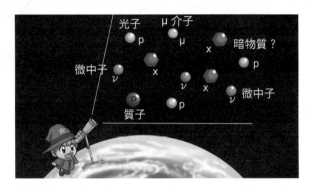

夠以人工方式產生。

　　這些粒子到了 20 世紀末全都已陸續經由實驗證實存在，目前的認知為，物質是由夸克和輕子所組成。

　　然而在這些基本粒子之中，微中子仍是帶有許多未解之謎的粒子。它的質量實在太小了，到目前還無法測得其實際值。究竟微中子的質量是多少呢？此外，微中子的電荷值為 0，所以反微中子的電荷值也是 0，那麼微中子和反微中子是相同的粒子還是不同的粒子呢？此外，到底夸克和輕子是否就是不能再分割的最基本粒子呢？

　　另一方面，宇宙中有數不清的星球，而這些星球確實是由原子－原子核－質子‧中子－夸克所組成，但這些只不過是宇宙全體質量的一小部分而已。

　　宇宙全體質量的大部分是未知的物質。由於這些物質是看不到的粒子，所以被稱為暗物質（dark matter）。宇宙中的物質主要都是未知的暗物質，而暗物質有可能會是新型的粒子（圖 1-15B）。

　　現在的科學界非常熱衷於探索微中子的真面目和未知的暗物質。有關微中子的真面目留待第 5 章說明，而宇宙中未知物質的相關問題則留待最後的第 6 章說明。

使物運動的最基本的 力之粒子是？

　　物理就是**物**及**理**的學問。物理就是在思考什麼樣的物以什麼力的定律（理）在運動。回到物和理的基本來思考**原子核‧基本粒子物理**，所探討的就是構成物的基本粒子（基本要素），和具有使物質運動的力的基本粒子（基本要素）。

　　在屬於巨觀世界的太陽系裡，是由**萬有引力**擔任主角，使行星們繞著太陽公轉（**圖 1-16**）。在前面的第 1-6 節裡，我們已敘述過原子的世界是 1 公分的一億分之一左右的世界，在那裡電磁力是主要的作用力，由沒有質量身體輕盈的光子四處移動傳遞**電磁力**。

　　原子核的世界是 1 公分的一兆分之一左右的**超微觀世界**，如前面的第 1-12 節所述，在原子核的世界裡，**核子**（質子和中子）彼此間因比電磁力強大千倍左右，稱為核力的強交互作用而結合，而傳遞核力的是**介子**。介子的質量（重量）約為質子的 1/7，所以移動距離最多只有約 1 公分的一兆分之一，因此核子是在 1 公分的一兆分之一的近距離內相互作用。核力是原子核世界的獨特的力。

　　質子和中子的世界則是 1 公分的十兆分之一的超超微觀世界，存在於其中的夸克有著被稱為**色力**的強交互作用在作用著。色力是由稱為**膠子**（gluon）的粒子傳遞。膠子在夸克之間就像是條橡皮筋一樣，不論夸克間距離多遠都會將它們拉在一起，也因此是無法將夸克單獨拉開。核力就是由色力變形而來的。

　　放射性原子核放出電子和微中子，以及電子轉換成微中子，這是第 1-14 節裡所述的弱交互作用的作用。傳遞弱交互作用的是稱為**弱玻色子**（weak boson）的粒子，是質量為質子的 100 倍左右的大質量粒子。弱玻

色子非常重，移動距離也非常短，約 0.2 公分的千兆分之一左右。

　　在微觀世界裡有電磁力、強交互作用（色力）、弱交互作用三種基本力。和這三種基本力對應存在有光子、膠子、弱玻色力三種力的傳遞粒子。光子這類力的傳遞粒子和屬於物質構成基本粒子的夸克及輕子（電子、微中子）是完全異質的粒子。

　　在 1970 年代，電磁力和弱交互作用統一了，基本上是一樣的力。同樣地，強交互作用也有可能被統　。

圖 1-16　使物質運動的力和力的粒子

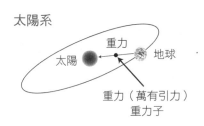

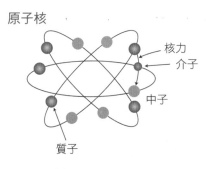

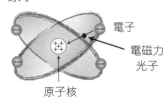

第 1 章註解

註 1：愛因斯坦（Albert Einstein），1921 年諾貝爾物理學獎得主。

註 2：湯姆森（Joseph John Thomson），1897 年發現電子，1906 年諾貝爾物理學獎得主。

註 3：構成物質的質子和電子屬於費米子（fermion），在相同的場所裡不會有相同的兩個粒子重疊存在。而光則屬於玻色子，可複數個重疊存在。

註 4：光的波長 λ 和能量 E 之間的關係，能以 $\lambda = hc/E = h/P$ 表示。其中，h 代表普朗克常數、c 代表光速、P 代表動量。若 E 採電子伏特表示，則式子變為 $\lambda = 1.210^{-4}$ cm/E。在量子力學的世界裡，萬物皆為波長 $\lambda = h/P$ 的物質波。

註 5：德拜（Peter Joseph William Debye），1936 年諾貝爾化學獎得主。菊池正士（Seishi Kikuchi），大阪大學理學部原子核實驗的創始人，設立原子核研究所。

註 6：長岡半太郎（Hantaro Nagaoka），大阪大學首任校長。

註 7：拉塞福（Ernest Rutherford），1908 年因放射性物質研究獲頒諾貝爾化學獎。

註 8：電子的電荷的絕對值＝ 1.6×10^{-19} 庫侖。是原子核‧基本粒子中電荷的單位。

註 9：查德威克（James Chadwick），1935 年諾貝爾物理學獎得主。

註 10：海森堡（Werner Heisenberg），1932 年諾貝爾物理學獎得主。

註 11：湯川秀樹（Hideki Yukawa），曾於大阪大學理學部從事研究。1949 年諾貝爾物理學獎得主。

註 12：蓋爾曼（Murray Gell-Mann），1969 年諾貝爾物理學獎得主。

註 13：蓋爾曼將新的最基本粒子取名為夸克，這名字是取自詹姆斯‧喬伊斯（James Joyce）的小說中出現的海鷗叫聲擬聲詞。

註 14：包立（Wolfgang Pauli），1945 年諾貝爾物理學獎得主。

註 15：萊因斯（Frederick Reines），1995 年諾貝爾物理學獎得主。

第 2 章
原子核的
構成
～在超超微觀的飛米世界裡舞動的核子～

在第 2 章，我們要開始具體地解說原子核的世界。
例如原子核是怎麼被發現的？構成原子核的粒子
有哪些？原子核內質子和中子的各種運動和反應
是？等等的主題。在這個章節裡，請觀賞質子和
中子在 1 公分的一兆分之一的超微小滑冰場上，
華麗的自旋和繞轉之舞。

2-1 ★ 原子核是如何被發現的？

　　進入 20 世紀後，物理學家發現了原子核，新的原子核・基本粒子世界從此開啟，這是一個 1 公分的一兆分之一大小的超微觀世界。

　　1896 年，貝克勒（註 1：第 2 章的註解在第 74 頁）發現有高能量的放射線從一物質放射出來，然後在 1898 年，居禮夫婦（註 2）接著發現了會放出放射線的元素鐳。元素（原子）放出放射線，衰變成另一種元素（原子）。原子不再是不變・不滅的基本要素了。

　　放射線是物理學家第一次接觸到的高能量粒子射線。1911 年，拉塞福使用 α 射線這放射線探索原子內部，發現在原子的中心存在很小的原子核（圖 2-1A）。

　　該探索原子核所使用的 α 射線，乃是一種電荷值為 +2 的 α 粒子。α 粒子接近原子核（帶正電荷）時，會因為彼此都帶正電而互斥，這使得 α 粒子的行進路線因而偏折。該排斥力和距離的平方成反比，且原子核愈小，靠近原子核時的排斥力愈大，α 粒子的行進路線會偏折得愈厲害。物理學家從 α 粒子行進路線的偏折情形了解到，原子的中心有個大小約為 1

圖 2-1A　向原子核的世界前進

放射號

原子核

原子核

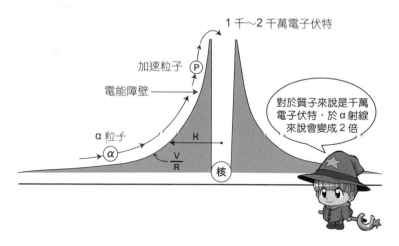

圖 2-1B　原子核的電能障壁

1 千～2 千萬電子伏特

加速粒子 ℗

電能障壁

α 粒子 ⓐ

R

V/R

核

對於質子來說是千萬電子伏特，於 α 射線來說會變成 2 倍

公分的一兆分之一的微小原子核。原子序每增加 10 倍，原子核的大小就會變大 2 倍左右。

　　以電子的電荷作為單位時，原子序為 Z 的原子，其中心存在帶有＋Z 電荷的極微小原子核。而原子核的周圍則有 Z 個帶－1 電荷的電子繞轉著。

　　原子核的電荷產生的排斥力，就像是一種電能量的圍牆（圖 2-1B）。圍牆的高度和電荷 Z 成正比，和距離成反比。原子核周圍的電能強度的分布斜率就像高山一樣的陡峭。斜面的斜度就代表排斥力。對 α 粒子而言，金的原子核的圍牆高度約 2500 萬電子伏特。藉由使用高能量放射線，我們才首次能夠接近原子核。

　　以人類到 19 世紀為止，在日常生活中所使用的熱和電的能量之強度，連原子核這山的山腳都搆不到。在當時，原子核就像是未曾有人踏進過的秘境一般。

　　不久後，加速器出現了，物理學家能夠以人工方式加速粒子而獲得高能量的粒子射線，從中得以突破原子核的圍牆進一步調查原子核本身。在第 2 章裡，我們將會說明原子核的構成和原子核內的粒子運動等內容。

2 2 ★ 構成原子核的粒子有哪些？

　　原子序為 1 的氫原子的原子核是電荷值為＋1 的氫原子核，也就是質子，其質量（重量）大致上是電子的 2000 倍。原子序為 2 的氦原子的原子核是電荷值為＋2 的氦原子核，也就是 α 粒子，其電荷值為質子的 2 倍，質量則為 4 倍。

　　一般而言，原子序為 Z 的原子是由 Z 個電子和電荷值為＋Z 的原子核所構成，原子核的質量大致上是質子的整數（A）倍。我們把這質子的倍數 A 稱為質量數。此外，1932 年查德威克發現了質量和質子大致相同，但電荷值為 0 的中子。

　　在這些結果的基礎下，海森堡等人進一步揭開質量數 A 且電荷值 Z 的原子核是由 Z 個質子和 A－Z＝N 個的中子所組成的（圖 2-2A）。

　　質量數 A 較小的原子核，其質子和中子的數量維持著大致上各占一半的平衡。然而一旦質量數增加，質子數便會比中子數少一些。原子序為 8

圖 2-2A　原子核由核子（質子和中子）所組成

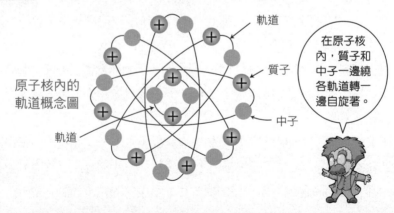

原子核內的軌道概念圖

軌道

質子

中子

軌道

在原子核內，質子和中子一邊繞各軌道轉一邊自旋著。

圖 2-2B　核子（質子和中子）因 π 介子的進出而改變

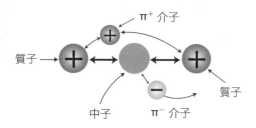

的氧原子的原子核主要是質量數 16 的氧原子核（質子數 8、中子數 8），
少數是質量數 17 的氧 17 核（質子數 8、中子數 9）和質量數 18 的氧 18 核
（質子數 8、中子數 10）。鉛的話則是以鉛 208 核（質子數 82、中子數
126）為主，其他還有鉛 207 核、鉛 206 核、鉛 205 核等的鉛原子核。

　　原子核的電荷，亦即質子數，最多為 110 左右。假如帶正電荷的質子
增加太多，便會因為電荷的反斥作用而導致原子核不穩定。

　　屬於原子核構成要素的質子和中子，除了有電荷值為 + 1 或 0 的差
別，基本上是同類的兄弟粒子。

　　質子穿著正電荷的衣裳，中子則沒有穿著電荷的衣裳。質子和中子統
稱為核子。也就是說，核子有兩種狀態，一種是穿著電荷衣的質子的狀
態，另一種則是脫掉電荷衣的中子的狀態。

　　在原子核內，質子和中子是利用介子作為媒介，而穿脫電荷衣，進而
能夠從質子的狀態變換成中子的狀態，或者進行反向的變換。這種變換是
只有電荷的狀態改變，核子的本質並沒有改變（圖 2-2B）。

　　原子核除了有由核子構成的種類以外，還有由稱為超子（hyperon）的
粒子所構成的原子核，稱為超核（hypernucleus），詳細內容在第 4 章進行
說明。

2 3 ★ 原子核擁有異常的重量和大小？

原子核的世界乃是和我們已經很熟悉的原子‧分子世界完全異質的超微觀世界。

原子核極度微小，原子序為 10 的氖的原子核，大小約 1 公分的一兆分之一，原子序為 80 的汞的原子核，大小約為 2 公分的一兆分之一。我們如果把在原子內繞轉的電子軌道，以跑道一圈為 400 公尺的田徑場來比喻的話，位於中心的原子核大概只有一粒紅豆般大小，在一般情況下不太可能會被注意到。

原子核的體積和質量數A大致上成正比，質量愈大，體積愈大。一個核子（質子和中子）所占的體積大致上是固定的，不管是哪種原子核，比重都大致相同。在另一方面，物質和原子的比重則各有不同，例如水是1、銅是9、金是20。

各核子（質子和中子）在原子內占的是固定的體積（空間），所以帶

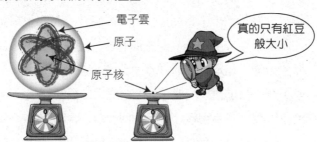

圖 2-3A 原子和原子核的大小與重量

電子雲
原子
原子核

真的只有紅豆般大小

原子的重量＝原子核的重量＋電子的重量
　　　　　　　　99.98%　　　　　0.02%
原子的體積＝電子雲的體積＝原子核體積的數兆倍

圖 2-3B 原子和原子核的重量（1 公升的重量）

給人一種核子乃是一大小固定的球，而原子核內被核子們給擠得水洩不通的意象。實際上，原子核內的質子和中子是像原子內的電子一樣，繞著固定的軌道繞轉著的。我們將在第 2-7 節說明質子和中子的軌道。

在原子的質量之中，所有電子的質量不過只佔一萬分之二左右，原子的總質量的絕大部分（約99.98%）都集中在微小的原子核（圖2-3A）上。原子核的大小為原子的一萬分之一左右，而原子核的體積約為原子的體積的數兆分之一左右，是以原子核的比重是原子的比重的數兆倍左右。

原子裡的空間絕大部分是電子雲，質量則集中在原子核，所以電子雲的比重是原子核的十兆分之一再四千分之一這麼小。我們如果用柏青哥的小鋼珠來比喻原子核，則原子核周圍的電子雲就像幾乎超真空般近乎無物的空間。水和水分子的比重為 1，鉛和鉛原子的比重為 11，而構成水的氧原子核和鉛原子核的比重都是 100 兆左右（圖 2-3B）。

原子核是無法以一般的光可觀察到的。但使用高能量粒子射線或γ射線（高能量的光）照射原子核時，原子核有時會發光。原子核發出的光的波長為可見光的百萬分之一左右，能量則為百萬倍。由於眼睛無法看見，所以要使用特殊的光檢測儀器來量測。關於原子核的光，第 2-9 節有詳細的說明。

原子核改變，
原子就會改變？

　　現在地球上存在各種放射性元素。放射性元素原子內的原子核為放射性原子核，會放出放射線而衰變成其他原子核。我們已在第 1-12 節中說明過，原子也會因而改變成別的原子。自地球誕生以來，天然存在的放射性原子核，叫做天然放射性原子核。

　　我們能夠利用加速器加速粒子衝撞原子核，使用人工方式產生各種放射性原子核。也經常有各種放射性原子核，是因宇宙射線的撞擊而產生出來。

　　放射線是一種具有數百萬電子伏特能量的粒子射線，最為人所知的是 α 射線、β 射線、γ 射線這三種。α 射線的 α 粒子是電荷量為＋2 的氦原子核，由兩個質子和兩個中子所組成。β 射線的粒子則有兩種情況，即電荷量為－1 的電子的情況，以及電荷量為與電子相反（＋1），正（反）電子的情況。γ 射線是高能量的光子，不具電荷量。

圖 2-4A 放射性衰換

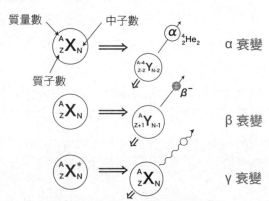

　　放射性原子核會放出放射線，造成原子核衰變。質子數 Z、中子數 N、質量數 A ＝ Z ＋ N 的原子核放出 α 射線（質子數 2、中子數 2）時，就會衰變為質子數 Z － 2、中子數 N － 2、質量數 A － 4 的原子核。這種衰變稱為 α 衰變。對應於原子核的變化，原子放出兩個電子，原子序為 Z 的原子變成了原子序為 Z － 2 的原子。

　　質子數 Z、中子數 N 的原子核發生 β 衰變時，會放出 β 射線（電荷量為 −1 的電子或電荷量為 ＋ 1 的正電子）。此時會衰變為質子數為 Z ＋ 1 或 Z － 1、中子數為 N － 1 或 N ＋ 1 的原子核，質量數不變。對應於原子核的變化，會有一個電子離開或進入原子，而從原子序為 Z 的原子變為原子序為 Z ＋ 1 或 Z － 1 的原子。放出 γ 射線（電荷量 0，質量數 0）的 γ 衰變發生時，雖然原子核和原子的能量會改變，但原子核和原子不會改變。圖 2-4A 顯示三種衰變。

　　屬於人工放射性核的鈷 60 核（質子數 27、中子數 33），放出 β 射線（電子）衰變為鎳 60 核（質子數 28、中子數 32）。相應於此，原子序為 27 的鈷原子，變成了原子序為 28 的鎳原子（圖 2-4B）。

圖 2-4B 鈷 60 放射性核與鈷原子的衰變

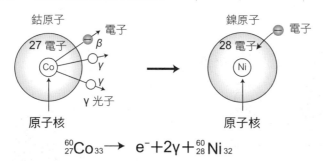

$$^{60}_{27}Co_{33} \longrightarrow e^- + 2\gamma + \,^{60}_{28}Ni_{32}$$

2-5 將質子和中子牢牢綁在一起的核力是？

原子核內的核子（質子和中子），彼此因核力這強交互作用而結合在一起。相對於具有質量的物質之間的萬有引力，以及具有電荷性的粒子之間的電磁力，作用於核子之間的核力，乃是一種被稱為第三種力的新型力，強度比電磁力強了一百倍左右。

核力是作用於核子和核子之間的力，且和核子的電荷狀態是質子的狀態（＋）還是中子的狀態（0）無關，都是作用相同的力。不管是質子間、質子和中子之間、中子間，都是相同的力。但在質子和質子之間除了強核力之外，還有正電荷之間的電的排斥力會作用。

核力在質子或中子兩兩間的距離近到數公分的十兆分之一時，就會有作用，而比這距離稍微多一些就幾乎不會互相拉引。但兩兩間的距離極近時排斥力就會起作用（圖 2-5A）。

萬有引力和電磁力的強度，都是和距離的平方成反比，即距離愈遠作用力愈小，但就算隔了有一段距離，仍是會有夠大的作用力存在。反觀核力，核力的作用範圍只在 1 公分的一兆分之一這超微小的狹小原子核內，

圖 2-5A 核力只在近距離有作用

數公分的 10 兆分之一

所以距離一稍微增加，核力就不會有作用

圖 2-5B 核子（質子、中子）在原子核內牢牢地結合著

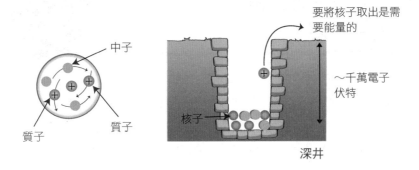

一旦超過這個距離，核力就沒有作用。

　　質量數 200 左右的金和鉛的原子核，是直徑為 2 公分的一兆分之一左右的球。在原子核的球中，約 200 個左右的核子各自和自己附近（2 公分的十兆分之一左右的周邊範圍）的核子相互拉引。

　　原子核內的核子（質子和中子）的結合強度以能量表示時，即結合能。要將核力的結合給切斷，而把原子核內的核子取出到原子核外，需要與結合能相當的能量。結合能約為 1 千萬電子伏特左右，非常之大，是將位於原子內的外側電子取出原子外所需能量的數百萬倍至千萬倍。在原子核內，核子間的結合極為牢固，不是那麼容易就能分開。

　　核子（質子和中子）被關在原子核內的情況，能夠以**核力場**（空間）來表示。原子核內就像是一口深井般，各核子一直待在井裡運動著。要將一個核子從深井裡拉上來取出到外面，需要很大的能量。而核子一旦被拉上來取出到外面，核力便不再有作用，核子會迅速脫離（圖 2-5B）。

② ⑥ ★ 介子如何傳遞核力？

　　關於核子（質子和中子）間的核力，我們能夠想像是在核子周圍存在有核力場，或者是有種傳遞核力的核力場粒子存在。若有一核子（質子或中子）A存在，核子A周圍的空間便會扭曲，產生直徑為數公分的一兆分之一左右、缽狀的井型核力場。另一個核子B若朝核子A靠近，就會被往核子A拉引。井壁的斜度就代表核力的強度，井深則代表結合能量的大小（圖2-6A）。

　　若要使核子B從原子核脫離，需要的是能將核子B沿著井壁的陡峭斜面拉上來的力，以及將核子B從深處取出的能量。一旦拉上來後就是平地，核力便無作用。

　　另一方面，湯川在大阪大學從事研究時，則認為應當有傳遞核力的介子存在，就像是傳遞電磁力的光子這樣的粒子一樣。核子A的周圍有從核子 A 放出的介子在到處移動，當核子 B 一靠近核子 A 的周圍，介子就被核子B給吸收，之後又被放出。而從核子B放出的介子，同樣會被核子A

圖 2-6A 核力場

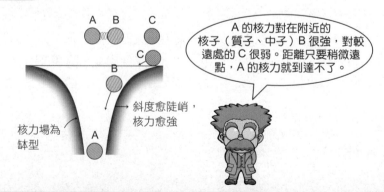

A 的核力對在附近的核子（質子、中子）B 很強，對較遠處的 C 很弱。距離只要稍微遠點，A 的核力就到達不了。

圖 2-6B 傳遞核力的介子只能近距離移動

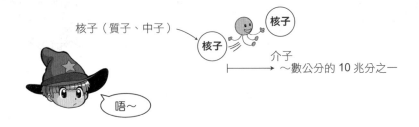

核子（質子、中子）→ 核子
核子
介子
～數公分的 10 兆分之一

唔～

吸收。核子 A 和 B 便是藉由介子的吸收‧放出而互相拉引（圖 2-6B）。

　　由於核力只會作用在短距離內，因此介子不同於光子，是具有質量的，移動範圍只有數公分的一兆分之一左右。粒子的移動距離，即粒子本身的分布範圍，稱為**康普頓波長**（Compton wavelength；註 3）。康普頓波長與質量成比反，質量愈大波長愈短。若從核力的作用距離來推估介子的質量，約是質子的七分之一左右。經由實驗，已經確認存在有湯川所預測的 π 介子。

　　以電子的電荷量為單位時，π 介子有電荷量分別為＋ 1、0、－ 1 三種電荷狀態（的介子），分別是 π^+、π^0、π^-。從質子一旦有 π^+ 放出，質子就會變為中子（的狀態），而中子一旦吸收了 π^+，就會變為質子（的狀態）。此外，從中子一旦有 π^- 放出，中子就會變為質子；而質子一旦吸收了 π^-，就會變為中子。而吸放或放出 π^0 並不會使質子和中子有任何的改變。

　　π 介子的移轉發生時，也會有 π 介子的靜止質量能大小地移轉。π 介子的靜止質量能為 1.4 億子伏特。在量子世界裡，這樣子的能量移轉能夠在一剎那間發生，只要 1 秒的一兆分之一再一兆分之五左右。這麼短的時間，即使以光速移動，頂多也只能移動 1.5 公分的十兆分之一左右。

2 7 ★ 質子和中子在原子核內做什麼樣的運動？

　　在原子核這超微小的空間裡，核子（質子和中子）整然有序地繞著固定的軌道轉著，就像是在一座超微小舞台上演繹的繞轉之舞。

　　在第 1-5 節已經說明過，在原子內部這電磁力的場裡，各電子繞著原子核轉。位於原子中心帶有正電荷的原子核的周圍，存在有拉引電子的電磁場。原子核本身雖然並不存在作為中心的核，但原子核內的眾多核子間有核力相互作用於彼此，整體存在一個核力場。在該核力場裡，核子一邊受核力的作用一邊繞固定的軌道，即所謂的**獨立粒子運動**。

　　原子核內有各種質子和中子的軌道，就像原子內的電子軌道一樣，愈外側的軌道能量愈高，愈內側的軌道能量愈低。核力和電磁力，不論大小或性質都差異極大，因此在原子核內一邊受核力作用，一邊繞轉的核子的運動，和在原子內一邊受電磁力作用一邊繞轉的電子的運動是非常不同的。

圖 2-7A 核子（質子、中子）的自旋和軌道

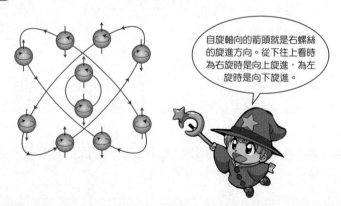

自旋軸向的箭頭就是右螺絲的旋進方向。從下往上看時為右旋時是向上旋進，為左旋時是向下旋進。

圖 2-7B　從內側軌道繞起

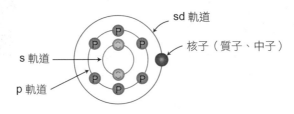

內側軌道（s、p）滿了，才開始繞外側的軌道（sd）

　　核子的軌道運動的能量反映出核力場的強大，約為數千萬電子伏特，是電子軌動運動的千倍至百萬倍。

　　核子（質子和中子）也和電子一樣會自旋，因此兩者都是一邊自旋一邊繞著軌道轉（圖 2-7A）。

　　各軌道就像是圓形階梯教室的各排階梯一樣，各自有固定數量的座位，核子會從低能量的內側軌道起，依序坐上座位進行繞轉。而且還為質子和中子備有不同的座位（圖 2-7B）。

　　若一原子核的質子數為 Z、中子數為 N，其 Z 個質子會從內側的軌道起，依序就位進行繞轉。當該軌道坐滿了，接著就繞外側能量較高（高一階）的軌道。中子也是同樣先從內側軌道依序就位進行繞轉。

　　在實際的原子核內，軌道的繞轉模式，並不是只會在水平面繞轉，也會在傾斜面和垂直面繞轉。此外，自旋的方向有左旋和右旋的，軌道的繞轉方向也是有向左繞和向右繞。此外，如果自旋的旋轉方向和軌道的繞轉方向相同，所需的能量就能較少；因此右旋自旋的粒子在繞轉軌道時，會以向右繞轉為優先。

　　梅耶和延森（註 4）針對原子核內核子的自旋和軌道進行了研究，使得核子的固有運動真相大白。

什麼是原子核的殼層構造？

原子核內的核子軌道依其大小和能量而分為幾組。一般而言，愈大型的軌道，即愈外側的軌道，能量愈高。

我們把軌道組稱為殼層。軌道上的座位數目是有規定的，因此殼層的座位數目也是固定的。若 III 殼層這組的所有軌道都坐滿了，接著就要坐到外側的 IV 殼層這組的軌道上去。若 IV 殼層的所有軌道都坐滿了，接著就要坐到再外側的 V 殼層去。核子（質子和中子）就是以這種形成殼層的方式運動著，這稱為原子核的殼層構造（圖 2-8A）。

原子核的殼層，從內側（亦即低能量）開始，依序稱為 I 殼層、II 殼層、III 殼層……。I 殼層的所有軌道的座位數為 2、II 殼層的為 6、III 殼層的為 12、IV 殼層的為 8。而原子內的電子殼層，則是從內側的開始稱為 K 殼層、L 殼層、M 殼層。原子核和電子有各自不同的核力場和電磁場，因此殼層的構造和各殼層的座位數都有若干不同（圖 2-8B）。

圖 2-8A 原子核內的軌道和殼層

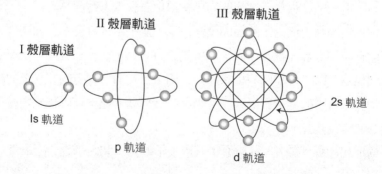

I 殼層軌道

Is 軌道

II 殼層軌道

p 軌道

III 殼層軌道

2s 軌道

d 軌道

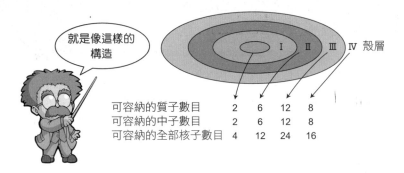

圖2-8B 原子核的殼層構造（各軌道的平面投影）

就是像這樣的構造

I　II　III　IV　殼層

	I	II	III	IV
可容納的質子數目	2	6	12	8
可容納的中子數目	2	6	12	8
可容納的全部核子數目	4	12	24	16

　　以質子的殼層構造為例，質子數為 2 的氦原子核，I 殼層會坐滿。質子數為 8 的氧原子核，I 殼層和 II 殼層會坐滿。質子數為 20 的鈣原子核，I、II、III 殼層會坐滿。

　　原子核的某一殼層（的所有軌道）若被坐滿，這殼層就稱為閉合殼層（closed shell），意指沒有空位了所以將門關上。閉合殼層的原子核因為已經滿座，因此座位的移動或變更不是想做就能做得到，是種沒有活性的穩定原子核。

　　而以原子內的電子軌道來說，K 殼層、L 殼層的座位，都被電子坐滿的原子有氦原子、氖原子，兩者都屬惰性氣體，都是穩定的原子。

　　原子核內的中子，基本上和質子是相同的殼層構造。若中子數為 2、8、20……等，會讓到某一殼層的座位被坐滿，使殼層閉合。原子核內的質子的殼層和中子的殼層皆閉合時就是雙閉合殼層（doubly closed shell），此時的原子核極為穩定。

　　以質子數 20、中子數 20 的鈣 40 核為例，它就是質子殼層和中子殼層到 III 殼層，都是閉合殼層的雙閉合殼層原子核。又例如鉛 208 是質子數 82、中子數 126 的雙閉合殼層原子核，其質子的殼層在到 VI 殼層之前都被坐滿，中子的殼層則是到 VII 殼層都被坐滿。

以原子核分光法探測核子的運動

　　將高能量粒子從外部入射至原子核內的核子（質子和中子），量測原子核放出的光子和核子，就能了解原子核內的核子的運動。這種方法叫作原子核分光法，和調查原子內電子的運動的原子分光法相對應。

　　在原子核分光法中，入射粒子和放出粒子的能量大小為原子核內的核子的能量程度，亦即數百萬至數千萬電子伏特。這比原子分光法中的能量大了很多位數。

　　以高能量的光子撞擊在原子核內一軌道 A 運動的核子（質子和中子）時，核子會吸收光子而躍遷到還有空位的外側軌道 C。沒過多久，軌道 C 的核子放出光子回到原來的軌道 A。光子之所以這樣子被吸收和被放出是因電磁力的作用而起。只要量測被放出的光子的能量，就能知道軌道 C 的能量比軌道 A 的能量高了多少（圖 2-9A）。

　　我們能夠使用質子射線作為入射粒子，令之撞擊原子核內的中子，將中子彈飛到原子核外。入射質子的能量會少掉撞擊時給予中子的量，並往

圖 2-9A 原子核 γ 射線分光

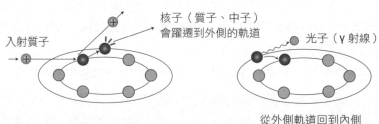

入射質子

核子（質子、中子）
會躍遷到外側的軌道

光子（γ 射線）

從外側軌道回到內側
的軌道，並放出光子

圖 2-9B 原子核分光

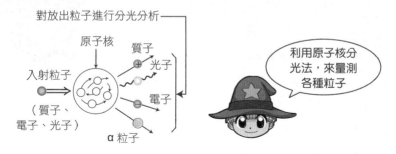

原子核外飛去。只要量測參與撞擊的粒子能量，就能得知要將中子取出到原子核外需要多少能量。

中子的軌道愈靠近內側，代表中子繞轉於核力場這口井愈深處的軌道，因此要將該中子取出到原子核井外，需要很大的能量。

關於原子核分光研究用的入射粒子，我們使用有質子、中子、氦原子核（α 粒子）、碳原子核、氧原子核等輕原子核射束，以及鉛原子核、鈾原子核等重原子核射束。此外，依需要也有使用光子射束和電子射束。

高能量粒子入射至原子核時，會有各種原子核反應產生，此時會從原子核放出γ射線（光子射線）和質子、中子、氦原子核及其他的粒子（圖 2-9B）。

放射性原子核會放出 α 射線、β 射線、γ 射線等，我們可以量測這些放射線來調查原子核內的質子和中子的運動。

目前物理學家使用多種不同的入射粒子和放射性原子核，來量測各種放出粒子，以研究原子核內的核子（質子和中子）的軌道運動、自旋運動以及核子的集體運動。

敲奏原子核會發出
什麼樣的聲音？

敲打物體時會產生振動，發出物體固有的聲音。原子核也是，只要敲擊就會有原子核固有的振動產生。由於原子核周圍沒有空氣，所以不會有空氣的振動聲發出；而由於原子核帶電，所以會因該振動而放出高能量電磁波 γ 射線（光子）。

1952～1953 年，波耳和莫特森（註 5）以理論推導出原子核裡有各種振動聲。

振動的基本是協調運動。不論是鋼琴的琴弦還是日本太鼓的鼓膜，都是在同一時刻一起向上移動後，又接著一起向下移動。琴弦和鼓膜的各部分會彼此協調產生振動，整齊地上下移動（圖 2-10A）。

相對於核子，能比較自由地繞軌道轉的獨立粒子運動，一些核子以協調且整齊的運動方式振動，則稱為**集體運動**。

第 2-7 節已敘述過，在原子核中許多的核子（質子和中子）一邊自旋一邊繞著各自的軌道轉，而這時各核子並不是獨立的，相近的核子之間會

圖 2-10A 敲擊原子核

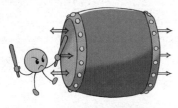

會使太鼓的
鼓膜左右振動

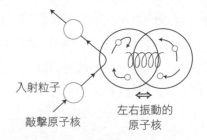

入射粒子

敲擊原子核

左右振動的
原子核

整體左右振動

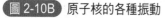

圖 2-10B　原子核的各種振動

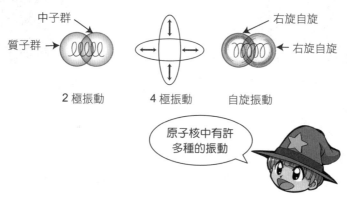

中子群

質子群 →

右旋自旋

→ 右旋自旋

2 極振動　　　4 極振動　　　自旋振動

原子核中有許多種的振動

有若干的力互相作用著。

　　令高能量的質子射線從外面撞擊原子核，敲擊原子核的表面，看看會發生什麼事。表面受到敲擊的核子會先同時往一個方向移動，接著因為反作用而往反方向移動，也就是振動。正確地說，原本的繞轉軌道運動在某一時刻往上偏移一些後，會在下一時刻往下偏移一些，即上下振動。依據敲擊方式，會有上下振動和上下左右振動等種類的振動（圖 2-10B）。

　　核子繞軌道的運動很快，而軌道上下偏振的動作則是慢得天差地遠。雖然空氣中各分子向四面八方移動的速度非常快，但太鼓鼓膜附近的空氣，則是配合鼓膜的上下振動而緩慢地上下振動，空氣受到壓縮而產生聲音的傳遞。

　　開始振動後的核子群會在經過一段時間後放出光子，振動便停止。只要量測被放出的光子，就能了解振動的情形。

　　原子核也有某種形態的基本振動，和其 2 倍振動數（能量）的振動、自旋振動等的振動。只要量測該些振動，就能明白在原子核內核子（質子和中子）彼此間，是如何進行力的相互作用而協調地運動。筆者在哥本哈根從事的研究證實了原子核是一邊繞轉一邊振動（註 6）。

原子核的
變形與旋轉

原子核有像足球一樣的球形原子核，也有像扁平形或像橄欖球般變形的原子核。

原子核內的各個核子（質子和中子），是一邊自旋一邊繞水平面的軌道，或稍微傾斜面的軌道或（近）垂直面的軌道轉。當一殼層的所有軌道都坐滿了，也就是殼層閉合了，原子核看起來就會像是球形。

一般而言，當有一些核子（質子和中子）繞一閉合殼層外側的水平軌道面轉時，該些核子的軌道看起來就不是球形，而是扁平的。此外，水平面的核子會將內側殼層的核子沿著水平方向拉過來，使原子核形成扁平形（圖 2-11A）。

若閉合殼層外側的軌道有很多核子，原子核便會因核子彼此間核力的作用，而變形成像是橢圓體或橄欖球般。

令高能量原子核射束從外面撞擊變形核，變形核全體會慢慢開始進行旋轉運動（圖 2-11B）。此時，核內的各個核子會分別高速地繞著軌道轉，核全體則是慢慢地旋轉。拿颱風來說，空氣中的各分子是高速地向四面八方移動，颱風整體則是以每秒 30 公尺左右的風速，緩慢地以颱風眼為中

圖 2-11A 原子核的各種變形

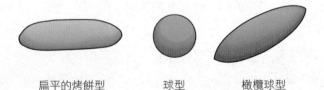

扁平的烤餅型　　　　　球型　　　　　橄欖球型

圖 2-11B　原子核的旋轉

高能量粒子　　　　　　開始旋轉

撞擊

光子

光子

量測：核分光

γ 射線

旋轉

粒子的撞擊使原子核開始旋轉，放出光子讓旋轉停止

心進行旋轉。

　　原子核整體的旋轉運動的能量，是以原子核的慣性動量與旋轉運動的大小（即角動量）來表示。在原子核這種微觀的量子系統中，角動量採用一特定單位（註 7）來表示，乃是不連續的數值。旋轉運動的能量約為數十萬電子伏特，比軌道運動的能量小一位數。

　　當藉由原子核的撞擊使具有一角動量的旋轉開始後，會在經過一段時間後放出光子，使旋轉角動量變得較小（較慢）。又經過一段時間後，又會再放出光子。每次將光子逆噴射出去，就會使旋轉變得再慢一點，最終旋轉便會停止。

　　只要利用原子核分光法量測被放出的光子的能量，就能了解旋轉能量的變化，從而明白原子核的慣性動量和旋轉速度等的旋轉情形。筆者過去曾利用核反應和核分光法發現輕原子核的旋轉運動，讓原子核的扁平形變形首次公開在世人面前（註 8）。

2 12 ★ 怎麼利用原子核反應製造物質？

利用原子核反應，我們就能以人工的方式製造出各種原子核。只要能製造出一質子數為 Z 的原子核，接著對應其電荷量 Z。Z 個電子排列配置於原子核周圍，便產生了原子序為 Z 的原子，再以該原子為基礎產生元素和物質。

若是利用化學反應，則是將一些原子組合起來，製造出各種分子後再合成出物質。組合鈉原子與氯原子，能夠獲得氯化鈉（鹽）；燃燒木頭，木頭中的碳會和空氣中的氧結合而產生二氧化碳。然而這些化學反應從能量面來看，只是數電子伏特的反應，因此僅有原子表面的電子的配置改變而已，原子和其中心的原子核都沒有改變。

原子核反應則是使用以加速器加速至數百萬電子伏特～數億電子伏特的粒子射線。高能量粒子射線能穿過原子核周圍的障壁衝入原子核，誘發原子核反應。

當入射的質子撞擊到原子核內的中子時，中子有可能掙脫掉核力的束

圖 2-12A 原子核反應

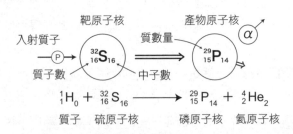

$$^1_1H_0 + ^{32}_{16}S_{16} \longrightarrow ^{29}_{15}P_{14} + ^4_2He_2$$

質子　硫原子核　　　磷原子核　　氦原子核

原子核反應不會讓質量數、質子數、中子數的和改變

圖 2-12B 錬金術是能夠實現的

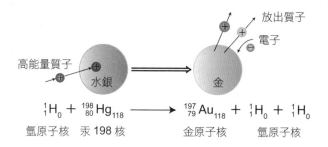

$$^{1}_{1}H_0 + ^{198}_{80}Hg_{118} \longrightarrow ^{197}_{79}Au_{118} + ^{1}_{1}H_0 + ^{1}_{1}H_0$$

氫原子核　汞 198 核　　　　　金原子核　　　氫原子核

自汞 198 核產生金原子核。電子加入後變成金原子。

縛向原子核外飛去,而入射質子則繞原子核內的某個軌道轉。高能量的氧原子核射束撞擊原子核加熱原子核時,原子核的溫度會升成高溫,一些核子(質子和中子)會被蒸發至原子核外。此外,具有特定能量的光子入射時,原子核會吸收光子產生共鳴,而發生振動。

在這些原子核反應中,若出現質子和中子的移轉,原子核就會改變。質子數若改變,原子核的電荷量就會改變,從而產生另一原子序的原子(圖 2-12A)。

質子撞擊鎵 71 的原子核(質子數 31、中子數 40)時,質子進入核內,中子被放出,變成鍺 71(質子數 32、中子數 39)的原子核。我們可以從這反應來了解微中子入射、放出電子的反應(註 9)。

以高能量的質子射束撞擊汞198的原子核(質子數80、中子數118)時,原子核內的質子會被彈飛,產生金197的原子核(質子數79、中子數118)。如此,在20世紀,以汞製造出金的錬金術已不再是夢想(圖2-12B)。但以這方法生產,金的成本會比所製造出來的金子的價值還貴上好幾個零。

升高原子核的溫度
會變得如何？

2
13 ★

原子核內的核子（質子和中子）通常是繞內側的固定軌道。以高能量的原子核射束從外部撞擊原子核時，各個核子會獲得能量而躍遷到更高能量且尚有空位的外側軌道。不管怎麼說都算是種有秩序的規則性運動。

當撞擊時給予原子核的能量增加時，會有許多的核子獲得能量，在原子核內向四方八方交錯飛行。眾多的核子會不斷地彼此對撞，結果便形成了高溫原子核。原子核內的核子會激烈地運動，各核子好比是在進行無秩序的運動（圖 2-13A）。

原子核溫度的增加會和原子核內的核子的動能成正比。以 1 億電子伏特的氦原子核（α 粒子）射束撞擊原子核中央時，原子核整體會受到 1 億電子伏特能量的激發。核子彼此間會不斷發生撞擊，最後就產生了各核子以數百萬電子伏特的能量，向四方八方做熱運動的高溫核。是溫度高達數百億度的高溫原子核。

圖 2-13A 原來的原子核（低溫核）與高溫核

核子
（質子、中子）

數百億度

秩序井然地繞轉著

激烈紊亂地運動

原來的低溫核　　　高溫核

圖 2-13B 高溫核的產生與核子蒸發

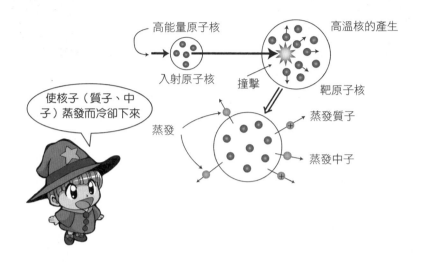

　　水在 100℃（接近絕度溫度的 400 度）時會蒸發，此時水分子（水蒸氣）會向四面八方運動。這時的水分子的動能約為 0.04 電子伏特。而原子核的情況則比水的情況高了一億倍以上。

　　高溫的原子核裡會有向四方八方做熱運動的核子（質子和中子），掙脫掉與原子核間的結合而蒸發出去（圖 2-13B）。

　　每次發生核子的蒸發時都會從高溫核奪走汽化熱，使得原子核的溫度下降。森林中葉子的水分蒸發掉時，葉子的溫度會降低，森林也就變得涼爽，兩者的道理是一樣的。關於汽化熱的大小，每一個核子約是 1 千萬電子伏特，因此若原子核的能量為 1 億電子伏特，則一旦有 10 個左右的中子蒸發掉時，溫度就會冷卻下來，蒸發現象也就停止。

　　若令具有更高能量、約 10 億電子伏特的原子核彼此正面相撞擊，原子核的能量會變為約 20 億電子伏特，每個熱核子的能量也會有約千萬電子伏特。此時會有許多的質子和中子蒸發，最後原子核會分裂成核子（質子和中子）和小原子核。

如何加速粒子？

要讓原子核反應產生，以對其進行調查的話，則必須讓入射粒子進入原子核內改變核子（質子和中子）的結合和運動。此外，如果使用的是帶電荷的入射粒子，則必須突破原子核周圍的電能障壁才可以。為此，需要非常充足的能量。

利用加速器加速粒子，來產生誘發原子核反應所使用的數百萬電子伏特至數億電子伏特左右的高能量入射粒子。

自 1930 年代勞倫斯（註 10）發明了迴旋加速器（cyclotron）以來，加速器的發展進步快速，帶動了原子核研究。下面介紹目前常見的加速器。

靜電加速器，將帶電荷的原子核或離子直接施加電壓予以加速。從具有電壓 V 的電極 A，放出帶有電荷 Q 的離子，因電的排斥力而加速，能量 $E = QV$。若將 $Q = 1$ 的質子，以 V = 500 萬電子伏特進行加速，則能量 $E = 500$ 萬電子伏特。以氦離子（$Q = 2$）為例，可以得到 $E = 1000$ 萬電子伏特的氦原子核（α 粒子）射束。

串列型靜電加速器，第一步利用靜電的引力加速附帶有電子的負離

圖 2-14A　串列型靜電加速器

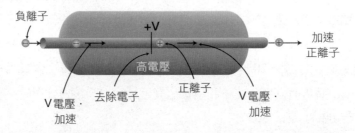

子。第二步則是將電子拿掉變成正離子，利用靜電的排斥力予以二次加速（圖 2-14A）。

迴旋加速器，利用高頻電壓不斷地加速粒子（圖 2-14B）。在磁場中的一對正電極 A 與負電極 B 之間加速的粒子，會因磁場的力而一邊繞一邊發生偏轉。當粒子繞轉到半圈時，只要電極 B 正好變為正電壓、電極 A 正好變為負電壓，則粒子便會在電極 B 與電極 A 之間再度被加速。粒子的繞圈半徑會隨著每次的加速而增加，形成一旋渦狀軌道。

同步加速器（synchrotron），採用固定的圓形軌道，在加速的同時提高磁場的強度，藉此將粒子加速至更高的能量。

圖 2-14B　迴旋加速器的原理（上圖）與大阪大學核物理研究中心的迴旋加速器（下圖）

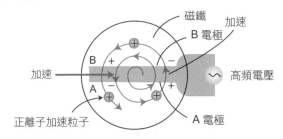

要如何觀測原子核內的核子運動？

原子核分光法是量測從原子核放出的粒子，調查原子核內的質子和中子的運動。從原子核放出的粒子的能量，會達數百萬電子伏特至數億電子伏特，因此進行原子核分光要使用大型的分光量測裝置。

原子核內的核子運動，有自旋和繞轉軌道的運動以及振動‧旋轉等的集體運動。我們對這些運動發生變化時放出的 γ 射線（光子）進行分光量測，調查運動的情形。調查該些 γ 射線所進行的原子核分光稱為 γ 射線分光。

要利用 γ 射線分光來量測 γ 射線時，需要使用半導體和螢光晶體。原子核內核子的運動變複雜時，會相應地放出各種 γ 射線。進行量測時要配

圖 2-15A 原子核顯微鏡的示意圖

加速器對應為光源，原子對應為標本，量測儀器對應為鏡筒。放大約1兆倍就能看到原子核中的情形。實際的裝置大小為100公尺～1000公尺，而且外形也和光學顯微鏡完全不同。

置許多的 γ 射線檢測器，再利用電腦分析量測結果，進而弄清楚原子核內的核子的運動。乃是一種超微觀原子核內部的圖像解析。

　　從原子核會放出像是因入射粒子的撞擊，而被彈飛的質子和氦原子核（α 粒子）等的各種粒子。如果放出粒子是帶電荷的粒子，則使用大型電磁鐵進行分析。即從電磁鐵的磁力，造成的粒子偏轉情形，來調查粒子的電荷量和動能。

　　量測從高溫原子核蒸發的眾多核子（質子和中子）的能量分布，就能量測出核的溫度。

　　現在的原子核分光正朝著以多種檢測器系統進行精密量測，以及利用電腦進行高速數據處理的方向疾速發展著。相對於調查細胞‧細菌的光學顯微鏡和調查分子‧晶體的電子顯微鏡，調查原子核內部的核分光儀器可以稱作是原子核顯微鏡（圖 2-15A）。大阪大學的核物理研究中心（註11）設置有獨自的大型「原子核顯微鏡」，是一活躍中的國際級原子核分光研究中心（圖 2-15B）。

圖 2-15B　大阪大學核物理研究中心的原子核顯微鏡（磁譜儀）

註 1：貝克勒（Henri Becquerel），1903 年諾貝爾物理學獎得主。
註 2：皮埃爾‧居禮（Pierre Curie）與瑪麗‧居禮（Marie Curie），1903 年諾貝爾物理學獎得主。
註 3：康普頓波長 λ＝普朗克常數／（質量）‧（光速）。移動距離為 λ/2π 左右。
註 4：梅耶（Maria Goeppert-Mayer）與延森（Johannes Hans Daniel Jensen），1963 年諾貝爾物理學獎得主。
註 5：波耳（Aage Niels Bohr）與莫特森（Ben Roy Mottelson），1975 年諾貝爾物理學獎得主。哥本哈根的尼爾斯‧波耳（1922 年諾貝爾物理學獎得主）研究所為原子核研究的中心，過去世界各地的原子核研究者都會前來此處熱烈參與討論。筆者在 30 出頭時也曾在此渡過研究生活。
註 6：這實驗使波耳和莫特森的理論中有關振動和旋轉的部分得以明朗化。波耳和莫特森的原子核教科書裡亦有介紹。
註 7：角動量即旋轉的動量，以動量和旋轉半徑的乘積表示。在量子世界中，旋轉運動和軌道運動的角動量是以普朗克常數／2π 表示。
註 8：筆者在東京大學研究所時的研究，為博士論文的一部分。
註 9：此反應能夠以入射氦 3 而使氚原子核放出的反應來達成精密實驗。筆者和研究夥伴在大阪大學成功完成此反應。鎵的反應使用在太陽微中子的檢測上。和微中子之間的關係會在第 5 章說明。
註 10：勞倫斯（Ernest Orlando Lawrence），1939 年諾貝爾物理學獎得主。
註 11：為日本全國共同利用的研究中心，山部、池上、近藤等人於創設時期提供了莫大貢獻。

第 3 章
具有強大能量的
放射線與核能

～核能的原理～

在學習原子核的知識時不可少的就是，每天照射在我們身上的放射線以及能產生巨大能量的核能的相關基礎知識。第 3 章內容，涵蓋放射線和核能的源頭——原子核的衰變和反應的原理，以及最後的核融合原理。

放射線是由什麼組成的？

放射線的發現是在 19 世紀末，是種具有極高能量的粒子射線。主要的放射線有 α 射線、β 射線、γ 射線三種，能量達數百萬電子伏特至 1 千萬電子伏特。

從放射性元素（原子核）放出的各個放射線，會因磁場而分別有不同的偏轉現象（圖 3-1A）。

以電子的電荷作為單位時，α 射線是具有＋ 2 電荷的粒子，會受磁場的力作用而偏轉。粒子具有的能量愈大，偏轉的情形就愈輕微。α 射線是氦元素的原子核（質量數 4、質子數 2、中子數 2），因此 α 衰變會讓放射線性原子核衰變成質子數，和中子數各少了 2、質量數少了 4 的原子核。

β 射線則有兩種，即電荷性為負的電子以及電荷性為正的正電子，兩者的偏轉方向相反。粒子具有的能量愈大，偏轉的情形就愈輕微。不論是

圖 3-1A 各種放射線

圖 3-1B 放射性衰變

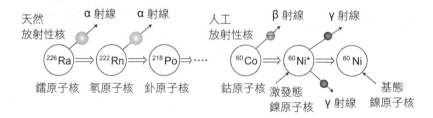

是哪一種β射線,質量都非常地輕,有α粒子的八千分之一那麼小(輕),因此動量小,偏轉的曲線因而比較急遽。發生β衰變時,如果放出的是電子,放射性核內的中子會變為質子;而如果放出的是正電子,就是質子變為中子。

還有一種特別的β衰變,不是原子核內的質子放出正電子,而是原子核吸收原子核周圍內側軌道的電子。如此一來,內側軌道會出現空位,外側軌道的電子會往內側軌道遷移,放出能量相當於兩軌道能量差的X射線。

γ射線乃是具有高能量的光子,由於光子不帶電,所以會呈直線前進,不會因磁場作用而偏轉。若原子核在α衰變和β衰變之後,成了具有某程度能量的激發態,則會放出與該能量相當之能量的γ射線而變為基態(未受激發時的狀態)。

自然界中存在會放出放射線的天然放射性核。此外,也能夠以人工方式誘發原子核反應,來製造各種人工放射性原子核(圖 3-1B)。另外,也有放出質子射線的人工放射性原子核。

當放射性原子核因β衰變,而放出電子或正電子時,還會放出 1 個微中子粒子。微中子是不帶電的電子,既不會因磁場的作用而偏轉,也不會受電磁力的作用。因此移動路線是直線的,且會直接穿過地球往宇宙的另外一方飛去。關於微中子,第 5 章會有詳細的說明。

3
2
★

為什麼放射線
具有高能量？

　　放射性原子核會放出放射線而衰變成別的原子核。此時原子核的質量會變少（輕），亦即從靜止質量高的原子核變為靜止質量低的原子核。這和水從高處流向低處一樣。

　　在放射性原子核放出放射線 X，而衰變成別的原子核的情形中，一開始的靜止質量能的值，依愛因斯坦的換算公式為放射性原子核的質量乘上光速的平方。而在衰變發生後，能量值會變為 X 的質量和衰變後的原子核的質量之和乘上光速的平方。因衰變而少掉的靜止質量轉化成放射線 X 的動能而放出。以水庫來比喻，水庫的水會從位能高的地方流向位能低的地方；而少掉的位能就成了水的動能轉化為下游水力發電的能量等（圖3-2A）。

　　靜止質量能與動能之和稱為總能量，總能量並不會因放射性衰變而增減。這和各種物理、化學現象、生命現象相同。原子核的靜止質量能是每

圖 3-2A 放射性原子核的靜止質量能的一部分轉化為放射線的能量

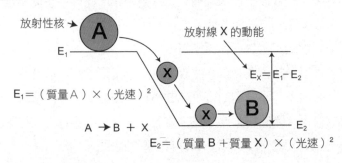

圖 3-2B　鈷 60 核的質量變化

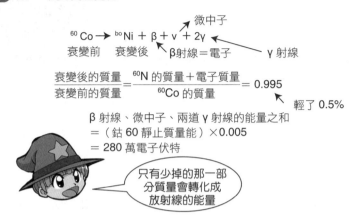

個核子約為 10 億電子伏特左右，以有 0.5%的質量會轉化來計算，放射線的能量會為 5 百萬電子伏特。

　　另一方面，原子核內的核子（質子和中子）就如第 2-5 節所說明的，是藉由核力這強交互作用而結合。該結合能量是每個核子約為 1 千萬電子伏特左右。若將之換算成質量，則為一個核子質量的 1%左右。如果該核子結合能量有 10%的轉化，則原子核的質量會減少 0.1%左右，放出 1 百萬電子伏特左右的放射線。

　　屬於天然放射性核的鈾 238 會發出 4 百萬電子伏特的 α 射線；而工業上和醫療上所使用的人工放射性核－鈷 60，會放出數 10 萬電子伏特的電子和兩道 1 百萬電子伏特左右的 γ 射線（圖 3-2B）。

　　此外，原子外側的電子會參與日常生活中的物理、化學、生命的現象與反應，而原子外側的電子的結合能量為數電子伏特左右。是以，日常現象所放出的光子和電子具有的能量為數電子伏特，是放射線的能量的百萬之一左右。

放射線如何穿透物質？

放射性具有高能量，因此能夠穿透特定厚度的物質。能穿透多少厚度，則取決於放射線的能量大小和種類（圖 3-3）。

α 射線的電荷量為＋2，因此在衝進物質裡時，與物質中的電子之間會出現電磁力的作用。物質中的電子會起剎車的作用，使 α 粒子的速度漸漸慢下來，最後會停止。

α 射線的質量大（重），所以速度慢，約為光速的數%。而因為速度慢，所以開始剎車後到停下來的這一段距離（亦即射程）較短，以5百萬

圖 3-3 5百萬電子伏特放射線的速度與可穿透的大致厚度

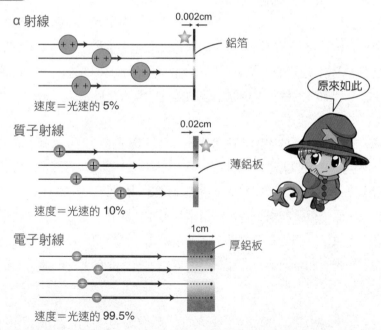

α 射線

0.002cm

鋁箔

速度＝光速的 5%

質子射線

0.02cm

薄鋁板

速度＝光速的 10%

電子射線

1cm

厚鋁板

速度＝光速的 99.5%

原來如此

圖 3-3 5 百萬電子伏特放射線的速度與可穿透的大致厚度（接續上頁）

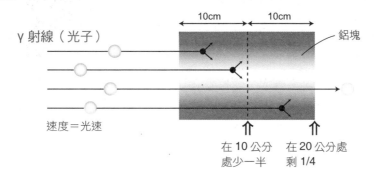

γ 射線（光子）

鋁塊

10cm　　10cm

速度＝光速

在 10 公分　在 20 公分處
處少一半　剩 1/4

同樣是 5 百萬電子伏特的能量，速度和停止距離各有不同，
γ 射線會因和電子發生撞擊，轉變為電子對而使射束量減少

電子伏特的 α 射線為例，在鋁中的射程約為 0.02 公釐（mm）。

　　β 射線即是電子，因此會和 α 射線一樣受到和物質裡電子之間的靜電
力作用而剎車，漸漸失去能量而停下來。不過，因為電子比 α 射線輕了約
1 萬倍，所以在能量相同的情況下，β 射線的速度會比 α 射線快上數十倍。β
射線的速度約為光速的 98%～99%。因此，在物質裡的射程非常遠。5 百
萬電子伏特的 β 射線的射程在鋁中約為 1 公分，在銅板和鉛板中則為 3 公
釐左右。

　　γ 射線是電磁波的粒子，即光子。因此當與物質裡的電子相撞擊而散
亂（偏轉）時，有可能會被電子吸收掉。此外，當 γ 射線的能量高時，會
轉變成電子・正電子對。不論是哪種情況，γ 射線的能量都會有一部分或
全部轉變為電子（正電子）的能量。電子會因為物質裡的靜電力剎車而停
下來。若想要將 5 百萬電子伏特的 γ 射線的射束量減為一半，使用鋁板的
話需厚約 10 公分者，鉛板的話則需厚約 2 公分者。如果重疊兩片，就能
夠將射束量再減為一半，亦即原本的 1/4。有關放射線的遮蔽與防禦，在
第 3-9 節詳述。

放射線的強度
如何隨著時間變化？

　　放射線會在放射性原子核衰變成別的原子核時放出（圖3-4A）。而放射線強度，亦即每單位時間放出的放射線量，是放射性原子核的個數和衰變率的乘積。

　　放射性核個數愈多或者衰變率愈大，單位時間內放出的放射線量就愈多。放射性原子核的個數，會在每次原子核放出放射線衰變成別的原子核時減少，因此放射線的強度也就會隨著時間的增加而減少。

　　放射性核的衰變率依放射性核的種類而定，和放射性核是在何時產生的無關，是固定不變的。

　　一放射性核，能夠在平均多久時間內不發生衰變，而持續存在的時間長度，稱為平均壽命。平均壽命是衰變率的倒數。此外，放射性核個數逐漸減少到只剩一半的時間稱為半衰期（half life）。半衰期約為平均壽命的70%。平均壽命愈短，就愈快衰減到剩一半（註1：第3章的註解在第108頁）。

圖 3-4A 放射性核放出放射線衰變成穩定核

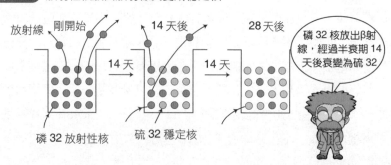

放射線　剛開始　　　　14 天後　　　　28 天後

14 天　　　14 天

磷 32 核放出β射線，經過半衰期 14 天後衰變為硫 32

磷 32 放射性核　　硫 32 穩定核

圖 3-4B 鈷 60 核的個數與放射線的強度

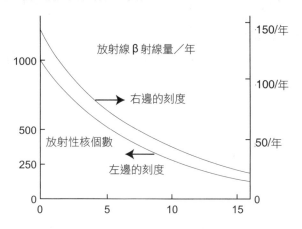

放射性核鈷 60 核個數和放射線量／年都是每 5.3 年衰減成一半

　　屬於人工放射性核的鈷 60 會放出 β 射線和 γ 射線，平均壽命約 8 年，經過半衰期 5 年會衰變成鎳 60 核。鈷 60 核的衰變率約為一年 13%。假設一開始有 1000 個鈷 60 核，第一年會有約 1000 個的 13%的鈷 60，核衰變成鎳 60 核。第二年會有剩餘數量的 13%的鈷 60，核衰變成鎳 60 核。隨著年數的增加，鈷 60 核個數會一直減少，5 年後減半為約 500 個。相應地，β 射線的強度也會從一年 130 減半為一年 65（圖 3-4B）。

　　鈾 238 核的平均壽命約 60 億年，經過半衰期約 45 億年放出 α 射線衰變成釷 234 核。鈾 238 核的衰變率約為一年六十億分之一，而地球現在的年齡約為 45 億年，所以地球誕生當時的鈾有一半還存在於地球上，每年一點一點地放出放射線，數量會漸漸減少。

　　屬於人工放射性核的氟 18 核，平均壽命約 3 小時，經過半衰期約 2 小時衰變成氧 18 核。氟 18 核一開始的放射性強度雖然很強，但每經過 2 個小時就會減弱一半，只要經過 10 個小時，就會減弱到很小。

地球上有哪些放射性物質？

地球上有各種的天然放射性物質和人工放射性物質。天然放射性核的平均壽命與半衰期非常地長，和地球的年齡（45億年）差不多。從地球誕生以來就一直存在（圖3-5）。

鈾系的放射性核，乃是以鈾238核為首的一系列天然性放射核。鈾238核經過半衰期45億年，會衰變為釷234放射核。釷原子核過一段時間後，又會衰變為別的放射性核。

如此不斷衰變下去，最後會衰變成穩定的鉛206核。鈾系放射性核之中，鐳226核的半衰期為1600年，氡222核的半衰期為3.8天，兩者分別會衰變成別的放射性核。

釷系的放射性核，乃是以半衰期為140億年的釷232核為首的一系列天然性放射核，最後會衰變成鉛208核。

放射性系的一系列放射性核和放射線，就如同是一條河川的上的一些水庫和水庫的放流水，最後都是流到穩定核的這個大海裡。

鉀40核是半衰期13億年的天然性放射核，會變為氬40核和鈣40核。此時會放出γ射線和β射線。

地球上除了有長壽命的天然放射性核之外，還有能夠進行核能發電的放射性核，以及用於各種工業和醫學領域等的人工放射性核。此外，也有半衰期僅數天，只要經過數星期便消失的放射性核，也有持續多年放出微弱放射線的放射性核。

日常生活中的大部分物品，都含有微量的天然和人工放射性物質。一些物質裡有約一億分之一含量的鈾和釷，一年會放出約數億個放射線。空氣中也存在有相當數量的氡，以一間房間來說，氡的放射線每年達數十億

個。

鉋 137 則是經由原子核分裂產生的人工放射性核，半衰期為 30 年，會放出 β 射線和 γ 射線。地面上的物質幾乎都含有某種程度的鉋 137。

地球的環境裡到處都充斥著天然和人工的放射線，人類從體內和體外都受到相當數量的放射線照射（註 2）。

圖 3-5 地球內外的放射性物質

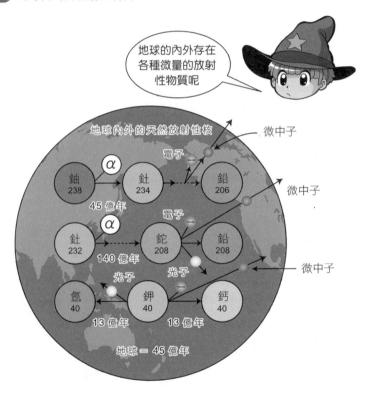

3 6 ★ 如何製造放射性原子核？

　　放射性原子核除了有天然存在的放射性核之外，還有以人工方式製造出來的各種放射性核。這些放射性原子核都被廣泛地運用在基礎研究和應用研究，以及工業和醫療等領域當中。

　　存在於地球上的穩定（非放射性）原子核，其靜止質量能比較低。相對於此，放射性核則是靜止質量能高的原子核，會放出特定能量的放射線，衰變成靜止質量低的原子核。

　　將高能量粒子從外部入射至穩定原子核，有可能會誘發原子核反應，使穩定原子核變成放射性核。此外，從穩定原子核外入射中子或令穩定原子核吸收中子，便能產生放射性核。

　　氧的穩定原子核主要是氧 16 核（質量數 16、質子數 8、中子數 8），此外有極少的氧 17 核和氧 18 核。以高能量質子撞擊氧 16 核，將原子核中的中子彈飛時，會產生氧 15 核（質量數 15、質子數 8、中子數 7）的放射性核，其半衰期為 2 分鐘，會放出正電子衰變成氮 15 核（圖 3-6A）。

　　一般來說，穩定的氟原子核是氟 19 核（質量數 19、質子數 9、中子數 10）。而若以高能量質子撞擊氟 19 核，將原子核中的一個中子彈飛時，便會產生氟 18 核（質量數 18、質子數 9、中子數 9）的放射性核。氟 18 核的半衰期約為 2 小時，會放出正電子衰變成氧 18 核。這些被放出的正電子在生命研究方面用處非常大，下一節會詳加說明。

　　今日常生活中存在的鈷 59 核（質量數 59、質子數 27、中子數 32）吸收中子的話，增加了 1 個中子，會產生鈷 60 核（質量數 60、質子數 27、中子數 33）的放射性核（圖 3-6B）。鈷 60 核放出的 γ 射線被用在眾多領域裡。

　　鈾235核之類的重原子核是高靜止質量能的不穩定原子核，會分裂成兩個原子核。此時，分裂後的原子核多半是放射性核。其中也有像是半衰期為 30 年的銫 137，這種會持續存在一陣子的放射性核。

　　高能量質子射線等的宇宙射線，會自宇宙照射地球，這些射線會撞擊大氣中的原子核，而使放射性核持續產生。

圖 3-6A 穩定氧原子核與不穩定氧原子核

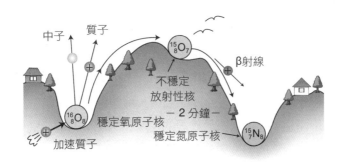

圖 3-6B 穩定‧不穩定鈷原子核與激發‧穩定鎳原子核

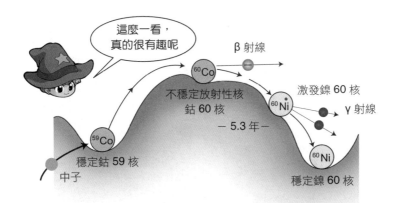

3 7 ★ 利用放射線可以看見什麼？

　　放射線的能量很高，能夠穿透特定程度厚度的物質，因此能夠用來探查物體的內部。又因為放射線會從個別的原子核放出，所以還能夠藉此來了解物質的每個原子和分子的情況。

　　在放射線量測中，使用 γ 射線時是量測個別光子的數量與能量，使用 β 射線和 α 射線時，則是量測個別電子和 α 粒子的數量和能量。只要量測放射線量，就能知道放射線的強度。

　　我們能夠使用放射性元素放出的 γ 射線，或以加速器加速的電子撞擊金屬所產生的 γ 射線來檢查物體的內部。γ 射線的穿透率是由與物體內電子之間的作用而定，而這取決於物體的密度和原子核的電荷量。是以，我們能夠了解物體內部的密度變化及含有金屬與否等。

　　將放射性元素放出的正電子，或以人工方式產生的正電子射入物質內時，正電子和物質內的電子會合體而湮滅，同時放出兩道 γ 射線。此時的正電子和電子的靜止質量能轉化成為 γ 射線的能量。故只要對 γ 射線的方

圖 3-7A 利用單一 γ 射線做診察

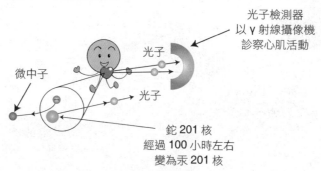

光子檢測器
以 γ 射線攝像機
診察心肌活動

微中子

光子

光子

鉈 201 核
經過 100 小時左右
變為汞 201 核

圖 3-7B　PET（正電子放射斷層攝影）的原理

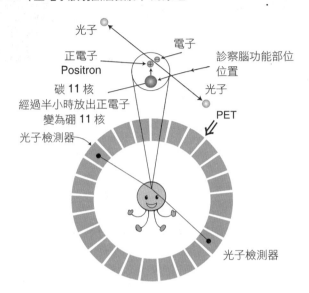

向與能量進行精密的量測，就能了解物質中的電子的情況。

　　一原子序為 Z 的放射性原子，其中心有電荷量為 Z 的放射性核，從各原子核會放出放射線。放射性原子和同樣原子序的一般（不會放出放射線的）原子兩者的運動情形是相同的。所以只要藉由量測放射線來探測放射性原子的運動，就能了解同一種類的原子運動。如果該原子是屬於特定分子的一部分的話，就能了解該分子的運動。這方法稱為分子影像法（molecular imaging），可以用來了解生物體內的分子的運動與活動（圖3-7A）。

　　屬於放射性核的碳 11 核和氟 18 核會放射出正電子。將這些放射性核形成特定分子注入體內，再量測正電子和電子成對湮滅時放出的 γ 射線，藉此便可調查含碳或氟的分子所參與的胺基酸代謝等反應（圖 3-7B）。

3 8 ★ 放射線在日常生活中的用處？

　　放射線和粒子射線原本是屬於原子核世界裡的東西，但透過與物質中原子·分子所屬的電子之間的作用，而活躍於日常的原子·分子世界。放射線和粒子射線的用途，涵蓋物質科學、生命科學、工學、醫學等各領域，最常被拿來使用的是短半衰期的人工放射性核所放出的放射線，和以加速器加速的粒子射線（圖 3-8A）。

　　帶有電荷的放射線與粒子射線能進入物質內，並藉由電磁力而與物質中原子·分子內的電子間接相互作用。而屬於電磁波之光子的 γ 射線，則能與物質中原子·分子內的電子直接作用。作用的結果就是物質內部原子和分子的結合發生變化，使得物質（原子·分子）的構造與性質發生改變。

　　還能夠以放射線和粒子射線照射生物體，使生物體內的細胞·分子的活動停止，達到殺菌、消毒效果。此外，還可令 DNA 等特定分子產生變化，而以不孕性昆蟲技術進行害蟲的消滅和進行品種改良等等。也可藉由照射放射線來阻止蔬菜發芽。

　　放射線和粒子射線拿來照射人體時，能夠發揮診斷·治療等醫學上的

圖 3-8A 利用鈷 60 核放出的 γ 射線進行物體內部檢查的示意圖

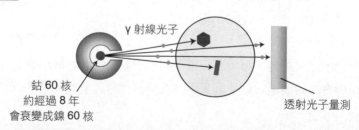

γ 射線光子

鈷 60 核
約經過 8 年
會衰變成鎳 60 核

透射光子量測

圖 3-8B 利用重離子加速器照射原子核射束

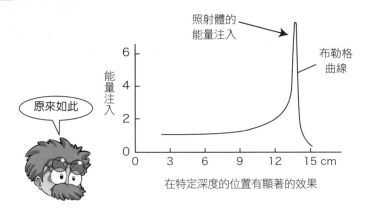

在特定深度的位置有顯著的效果

用途。產生照射效果的方法有兩種，一種是從外部照射，另一種是以藥劑等注入人體內。如果是鎖定特定癌部位照射，能使該處癌細胞的活動會停止。

碳原子核射束和氬原子核射束被稱為重離子射束。當該些射束在人體內因靜電力刹車而停下來時，會對附近的分子產生巨大的作用。重離子射束被應用在癌症治療上，藉由調整注入能量的大小，使射束停在體內的癌部位處（圖 3-8B）。

γ 射線刀則是從多個方向將 γ 射線集中照射於腦部內的一點，注入能量將該部位摧毀。

放射線醫療的特徵在於，不需切開人體或腦部就能進行手術和治療。進行放射線醫療時，以控制精準且高效率的方法，將放射線對所經之處的影響，及放射線的照射量限縮在最小限度是非常重要的。

離子射束（帶電荷的粒子射線）則被廣泛利用於製造加工工業裡，例如半導體加工、離子佈植、表面處理等。其能夠進行 1 公釐的一萬分之一尺度的微細加工。此外，能夠利用電子射束和 γ 射線照射物質，以電磁力來強化物質分子間的結合，這方法對於輪胎和塑膠的強化相當有用。

3 9 ★ 如何防護危險的放射線？

放射性物質存在於地球內外、人體內外、宇宙中，到處都是。雖然大部分的放射性物質都是天然性的，但現在人們對於放射線的利用愈來愈多元，使得我們身處的環境出現了各式各樣的人工放射性物質。這些放射性物質會放出各種放射線，此外還有從宇宙而來的宇宙射線，因此放射線就如同日常生活中的空氣和水一般存在於我們周遭。

放射線依其射線量和種類而有其危險性，因此做到足夠的防護或迴避是非常重要的（圖 3-9）。這和喝酒過量會有危險的道理是一樣的。

對於像是 α 射線、質子射線、β 射線（電子射線）、從宇宙而來的 μ 介子（註 3）等帶有電荷的粒子而言，物質中的電子有著剎車的作用，粒子會因電磁力減速而停下來。為了達到讓粒子停下來的目的，需要厚度可以和放射線射程（在物質中移動的距離）相當的物質。

針對具有千萬電子伏特能量的電子射線、質子射線、α 射線，分別能夠以厚約 6 公釐、0.25 公釐、0.03 公釐的銅板使其停下來。

宇宙射線的 μ 介子的能量極高。要讓具有 1 千億電子伏特能量的 μ 介子停下來，需要讓它鑽到地下約 250 公尺才可以。

相對於上述帶電荷的粒子，γ 射線和中子則因為是電中性，所以靜電力剎車對它們起不了作用。γ 射線和物質中的電子撞擊多次後，會失去能量而湮滅。具有千萬電子伏特能量的 γ 射線，在通過厚度約 10 公分的銅板後，強度約降為原來十分之一。

至於中子，其撞擊到物質中的原子核會失去能量，會被吸收掉而湮滅。而由於原子核極其微小，所以發生撞擊的機率相對很小。對於中子而言，厚約 1 公分的鐵板幾乎都是空隙，因此需要用上很厚的物質才能有效

減少中子的數目，是以常會使用厚數十公分至數公尺的混凝土體。

圖 3-9 防護各種放射線·粒子射線

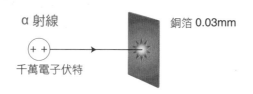

α 射線

銅箔 0.03mm

千萬電子伏特

β 射線

銅板 6mm

千萬電子伏特

原來放射線的防護是這樣進行的

宇宙射線（μ介子）

千億電子伏特

～地下 250 公尺

γ 射線（光子）

15cm

銅塊

千萬電子伏特

約降為 $\dfrac{2}{100}$

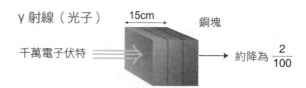

原子核可以燃燒？

原子核具有巨大的能量，即核子（質子和中子）的結合能量，也就是原子能（nuclear energy；即核能）。

另一方面，柴火和石油的能量則是碳、氫和氧的原子內的電子結合的電能量。只要能夠有效率地燃燒原子核（燃料），就可以獲得比石油和煤炭等化石燃料大上好幾位數的能量。

僅僅 1 公克原子核燃料所產生的核能，就足以和燃燒數噸煤炭・石油燃料所產生的電能匹敵（圖 3-10A）。核能會產生微量的放射性物質，而化石燃料則會排出大量的二氧化碳和有害物質。不論是何者皆需進行充分的管理。

一般而言，令輕原子核融合時，核子（質子和中子）彼此間的結合會變得更加緊密而變為穩定（靜止質量能少）的原子核，這時放出的能量就是核融合能。氘原子核和氚原子核的核融合能有可能被利用來作為能源。

重原子核的電荷和質子數多，性質不穩定（靜止質量能大），會核分裂為兩個原子核。分裂前後的靜止質量（能量）差會作為核分裂能（fission

圖 3-10A 核分裂能

數億電子伏特

1 公克鈾的核能相當於 2500 噸煤炭的火力

圖 3-10B 核分裂

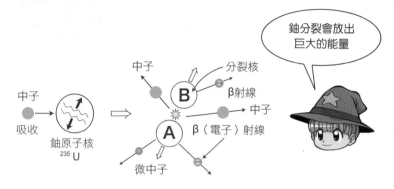

鈾分裂會放出巨大的能量

$$^{235}U + 中子 = 放射性核 A + 放射性核 B + 中子$$

energy）放出。該能量主要會成為分裂核的動能（圖 3-10B）。

　　鈾和釷是不管什麼物質都會含有的放射性元素。平常的岩石裡也會含有微量的鈾，特別是花崗岩裡的含量會比較多。

　　煤炭也含有相同程度的鈾原子核，其所產生的核能有時還比煤炭本身燃燒產生的能量還多，鈾放射性核並不會被拿來用而是予以丟棄。海水中也含有不少的鈾和釷。

　　實際上我們是自蘊藏量豐富的鈾礦床開採取得鈾核燃料，但能夠直接就拿來當作核燃料使用的鈾 235 核極少。鈾礦的主要成分－鈾 238 核和釷 232 核，還需要分別衰變為鈽 239 核和鈾 233 核，才能作為燃料使用。其中鈾的部分，下一節會加以說明，能夠在燃燒鈾 235 核的過程中，使鈾 238 核衰變成燃料。

鈾如何燃燒？

天然的鈾絕大部分是鈾 238 核，只有 0.7%是鈾 235 核。鈾 235 核的核子結合性弱，是種靜止質量能大的不穩定原子核。以中子作為點火劑撞擊鈾 235 核時，鈾 235 核分裂成兩個原子核，這時會放出 3 個左右的中子。靜止質量能因核分裂而減少的部分，會轉化為分裂核和中子的動能而放出。

核分裂會造成每個鈾原子核的靜止質量能有 0.1%變化，約是 2 億電子伏特的能量。在柴火的情況中，碳與氧合體後質量減少約一百億分之一，產生具有約 4 電子伏特動能的二氧化碳。

實際上鈾 235 核的燃燒，是需要將鈾 235 核經過濃縮，並摻入中子減速劑，使中子容易撞擊到鈾原子核。

一鈾 235 核吸收了中子產生核分裂時放出的中子，會去撞擊其他的鈾 235 核誘發核分裂。如此核分裂便不斷地發生，擴大核燃燒。我們把這樣子的反應叫做連鎖反應（chain reaction）。連鎖反應的關鍵在於中子，誘發核分裂所使用的中子的數量與由核分裂產生，用於誘發下次核分裂的中子的數量需維持平衡。

鈾的主成分鈾 238 核吸收了鈾 235 核分裂時放出的中子時，就會產生鈾 239 放射性核。鈾 239 放射性核經過半小時左右會衰變成錼 239 核，數天後會衰變成鈽 239 核（圖 3-11）。

鈽 239 核會吸收中子，產生連鎖的核分裂。也就是所謂的核燃料。燃燒鈾 235 核，從自然界蘊藏量豐富的鈾 238 核產生人工核燃料鈽 239。這就是核燃料的再生・滋生。

圖 3-11　鈾 235 的燃燒過程

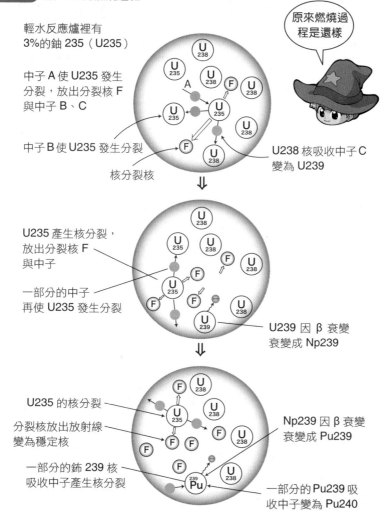

輕水反應爐裡有
3%的鈾 235（U235）

中子 A 使 U235 發生
分裂，放出分裂核 F
與中子 B、C

原來燃燒過
程是還樣

中子 B 使 U235 發生分裂

核分裂核

U238 核吸收中子 C
變為 U239

U235 產生核分裂，
放出分裂核 F
與中子

一部分的中子
再使 U235 發生分裂

U239 因 β 衰變
衰變成 Np239

U235 的核分裂

分裂核放出放射線
變為穩定核

一部分的鈽 239 核
吸收中子產生核分裂

Np239 因 β 衰變
衰變成 Pu239

一部分的 Pu239 吸
收中子變為 Pu240

3 12 ★ 如何有效利用核能？

要能實際有效地利用核能，必須要充分掌控核分裂的連鎖反應，以使能量能夠持續地產生。把所產生的能量變換為電能來利用，便是核能發電（圖 3-12A）。

因為天然鈾中的鈾 235 含量非常少，因此在燃燒時要使用石墨（碳）之類的中子減速劑。在核分裂時被放出的中子，其每次一和碳發生撞擊就會減速，不會跑出外面，而是撞擊在附近的其他鈾 235 核誘發核分裂。如此引起連鎖分裂而產生核燃燒。1942 年 12 月，費米（註 4）等人成功獲取人類史上首次的核能，他們所建造的核子反應爐被稱作費米反應爐。

圖 3-12A 核能發電將核能轉換成電能

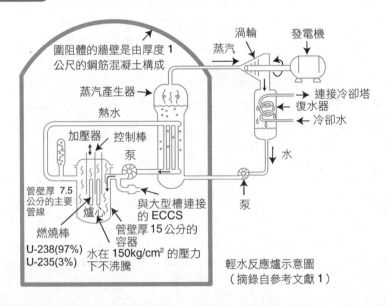

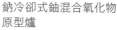
日本的快速滋生反應爐「文殊」

鈉冷卻式鈾混合氧化物
原型爐

（出處：日本經濟產業省網站）

在使用一般的水（輕水）作為減速材料的輕水反應爐中，是將鈾235核以5倍左右進行濃縮。這樣的做法能夠讓接著之後的鈾235受撞擊的機會增加，讓中子在被水吸收之前能夠撞擊到下一個核，以令核分裂能夠連鎖進行。

原子爐內的核分裂的控制，需使用以金屬等的中子吸收體所製成的控制棒。只要插入控制棒就能將負責引起連鎖反應的中子加以吸收，進而抑制核分裂的連鎖反應。而若將控制棒拔起，連鎖反應就會再次產生。

鈾成分中的鈾235核在核分裂時放出的中子，有一部分會誘發別的鈾235核分裂，另一部分會被鈾的主成分鈾238核吸收，產生鈽239核。鈽239核乃是核燃料核，會因中子引起的連鎖反應發生核分裂而燃燒。

只要從消耗性的鈾235核等，核燃料所產生的鈽239核燃料愈多，便能增加、滋生更多的核燃料。為此，所使用的是對中子的減速或吸收能力較弱的液態鈉作為減速‧吸收材料。由於有速度快的中子參與過程，所以稱之為快速滋生反應爐，它使用的是自然界蘊藏量豐富的鈾238核作為燃料，所以效率極佳（圖3-12B）。

太陽裡燃燒的是什麼？

太陽自誕生以來，已持續不斷燃燒了 45 億年。其能量是以太陽光的形式照射到地球。太陽光能孕育植物，從而有碳、石油等化石燃料和食物的產生。太陽光還能讓雨水降下造就水力發電，讓風吹起造就風力發電，對人類而言是一非常重要的能源。

太陽能主要源自氫原子核（質子）於核融合反應時燃繞放出的原子核能量，亦即原子能。

兩個質子相遇時，會以兩階段進行融合。第一階段是一個質子因弱交互作用的作用而變為中子，放出正電子與微中子。這反應和原子核的 β 衰變相同。第二階段是該中子與另一個質子因強交互作用的作用而融合變成重質子。也就是說，原本的兩個質子轉變成重質子與正電子與微中子。

太陽內部的溫度約 1 千 5 百萬度。質子約以數千至 1 萬電子伏特的能量激烈地運動著，因此能夠克服因彼此的正電荷造成的排斥力而相互靠近，進而產生融合。

質子的融合反應在第一階段是屬於弱交互作用的反應，會花上 100 億年左右的時間緩慢地進行，因此並不是瞬間就燃燒殆盡，而是持續燃燒約 100 億年。

由兩個質子融合而成的重質子，會和其附近的質子因強交互作用的作用而融合，產生氦 3 核（質子數 2、中子數 1）。當兩個氦 3 核相遇時，會因核力的作用而引起核反應，變成氦 4 核（質子數 2、中子數 2）與兩個質子。

在上述一連串的核融合反應中，使用了 6 個質子，放出了 1 個氦 4 核與 2 個質子，因此有 4 個質子燃燒變成了 1 個氦 4 核。此時，會放出 2 個

正電子、2 個微中子、2 道 γ 射線。正電子會和附近的電子相遇而湮滅，變成 2 道 γ 射線（圖 3-13）。

　　4 個質子因融合反應變成氦 4 核時，質量會減少約 7%，放出與減少的這一部分的靜止質量能，相當的 2 千 5 百萬電子伏特的核能。這能量的一部分會由飛出太陽外的微中子所帶走。其他的 γ 射線的能量會透過與太陽內電子的撞擊而轉化為熱能，這些熱能經過 10 萬年左右後會到達太陽表面，轉換成太陽光放射出來。

圖 3-13 太陽原子核反應爐

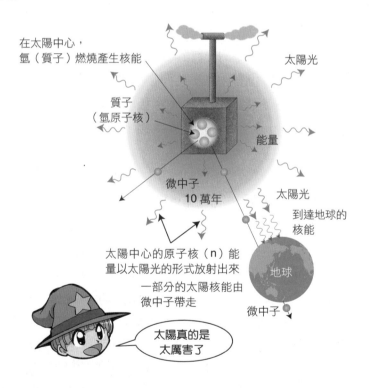

在太陽中心，
氫（質子）燃燒產生核能

質子
（氫原子核）

太陽光

能量

微中子
10 萬年

太陽光

到達地球的
核能

太陽中心的原子核（n）能
量以太陽光的形式放射出來

一部分的太陽核能由
微中子帶走

地球

微中子

太陽真的是
太厲害了

3 14 ★ 是利用觸媒燃燒太陽 內部的氫原子核？

太陽內部的氫原子核（質子），是以某一些原子核作為燃燒的觸媒。質子的原子核反應中使用的觸媒核有碳（C）、氮（N）、氧（O）三種原子核。這稱為碳氮氧循環（CNO 循環），是由貝特（註5）與魏茨澤克於1930 年代末提出的。

太陽的能量有約 1.5% 是在 CNO 循環中質子燃燒的能量。由於大型恆星具有許多作為觸媒的碳原子核、氮原子核、氧原子核，因此 CNO 循環燃燒的比例會增加。

CNO 循環是原子核反應的一種循環（圖 3-14）。循環開始時，碳 12 原子核吸收質子變為氮 13 核，此反應所產生的氮 13 核因 β 衰變而衰變成碳 13 核。接著碳 13 核吸收質子變為氮 14 核，此氮 14 核吸收質子變為氧 15 核。氧 15 核又因 β 衰變而衰變成氮 15 核。最後氮 15 核吸收質子變為碳 12 核與氦 4 核。

這一連串的反應是從碳原子核開始，中間經過氮子核、氧原子核再回到碳原子核完成一個循環。在這個循環過程中，4 個質子和各原子核產生反應而燃燒，變成了 1 個氦原子核。而碳原子核、氮原子核、氧原子核只是起觸媒的作用並無增減。

在質子被吸收時會放出 γ 射線。此外，每次的 β 衰變都會有正電子和微中子被放出。CNO 是一種有 4 個質子融合變為 1 個氦 4 核，並且有 2 個正電子、2 個微中子、幾道 γ 射線被放出的反應。

CNO 循環反應的燃燒熱約為 2 千 5 百萬電子伏特，會轉化為正電子、微中子、γ 射線的能量。微中子會穿過太陽飛往宇宙的另一方。正電子會和周圍的電子相遇，化為兩道 γ 射線。γ 射線會一邊與電子和質子相撞擊

一邊將太陽加熱，一段時間之後會射出成為太陽光，這和前一節所說明過的質子的融合相同。

　　在一連串的循環過程中，由於質子的電荷和各原子核的電荷之間的電性排斥的關係，故要發生質子的吸收有不小的難度在，需要花上數千萬年至數億年。是以並不會瞬間就燃燒殆盡，而是像質子的直接融合的情形一樣，要緩慢地花上長時間進行反應。

圖 3-14 CNO 循環中氫的燃燒

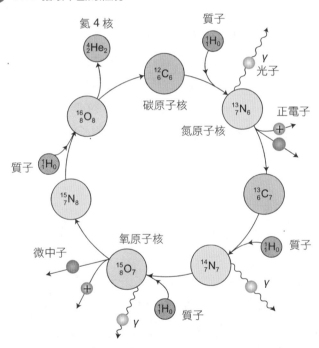

4 個氫原子核 $^1_1H_0$（質子）燃燒變成了氦 4 核 $^4_2He_2$，
並產生 2 個正電子與 2 個微中子與一些光子

核融合能夠在地球上實現嗎？

要讓原子核發生融合，必須要能克服原子核間的正電荷排斥力以讓原子核能夠彼此靠近，因此需要某一程度以上的動能。

只要使用加速器，加速各個原子核撞擊靶原子核，就能夠實現核融合。但是這個方法雖然能夠實現核融合反應的個別研究，但並無法讓物質中的眾多原子核融合，以有效利用其核融合能量。

若能夠製造出如太陽和恆星般的超高溫電漿，各原子核便能以某一動能到處移動、彼此衝撞而產生融合。電斥力和要進行融合的原子核的電荷之積成正比，因此像氘原子核和氚原子核般，電荷量為1者的核融合的實現可能性較高。

氘原子核間在融合時，會因核反應而變為氦原子核與質子，或者變為氦3核與中子（圖3-15A左圖）。反應所產生的原子核的質量，和會比反

圖 3-15A 核融合反應

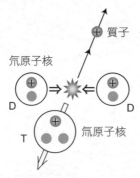

2個氘原子核的融合

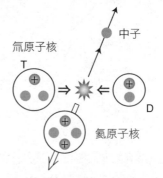

氘原子核和氚原子核的融合

圖 3-15B 核融合能量

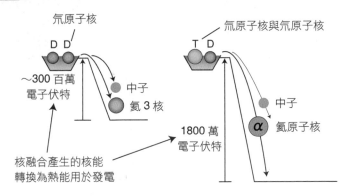

氘原子核
D D
~300 百萬
電子伏特

中子
氦 3 核

核融合產生的核能
轉換為熱能用於發電

氚原子核與氘原子核
T D

中子
氦原子核
α

1800 萬
電子伏特

應前的 2 個氘原子核的質量和還少,少掉的那一部分質量的靜止質量能會變為反應後的粒子的動能,此即核融合能。氘原子核間發生融合變成氚原子核與質子時,會產生 4 百萬電子伏特的核融合能,而變成氦 3 核與中子時,產生的核融合能為 3 百萬電子伏特(圖 3-15B)。

氘原子核與氚原子核發生融合會變成氦 4 核與中子(圖 3-15A 右圖),但因為氦 4 核極為穩定且質量小,所以質量減少很多。因此,反應後的粒子的能量(核融合能)大,達 1 千 8 百萬電子伏特。

使用有氚原子核的的融合反應,比使用兩個氘原子核的融合反應容易反應 10 倍左右,融合能量也大得多。

作為核融合燃料的氘原子核,在海水裡有豐富的含量。氚原子核屬於放射性原子核,能夠以中子照射鋰原子核來製造。

上述的核融合要達到實用化,必須要將約 1 億度的高溫維持特定時間,以有效率的誘發核融合。要做到核融合能的有效利用,就是把太陽的核能在地球上予以再現且以高度控制的形態實現。

3 16 ★ 核融合能量 能夠實用化嗎？

　　核融合實用化的重點在於溫度與時間。若使用的是氚原子核和氕原子核，則兩原子核的排斥力換算成能量的話是數十萬電子伏特。也就是說要使該兩原子核達到融合就必須突破這電能障壁才可以。

　　某些溫度下的氚原子核和氕原子核的能量並不固定，而是大範圍地分布在平均值周圍。若將溫度提高，平均能量就會等比例地上升，高能量粒子的比率相應增加，即數量增加。

　　但在現實中，要把溫度提高到能夠讓氚原子核和氕原子核的平均能量超過電能障壁，就像是天方夜譚一般。因此只能夠盡可能地提高溫度，讓能量高於平均值的原子核，在彼此撞擊時能有某一比例能夠突破障壁產生融合。我們把突破障壁的現象稱為穿隧效應（tunneling effect）。而要使原子核有效率地融合，必要的條件不僅只是要達到高溫，還必須讓高溫的時間持續，以增加突破障壁的比率。

　　目前世界各國都以核融合的實用化為目標，進行各種的研究開發。日

圖 3-16A　氚原子核與氕原子核的融合反應

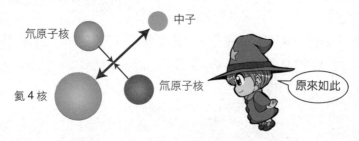

圖 3-16B　國際熱核融合實驗反應爐 ITER

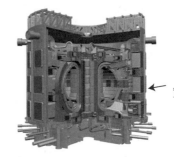

甜甜圈型高溫電漿
800m³

熱核融合
實驗反應爐

（出處：國際熱核融合實驗反應爐 ITER 網站）

本茨城縣東海村的核能研究所裡的 JT60，是以托卡馬克（Tokamak）型磁場將高溫電漿約束住一段時間，以研究核融合的產生條件。此外，在日本岐阜縣土岐的核融合科學研究所，則是以螺旋狀（helical）磁場約束住電漿來研究電漿的基本性質。日本各大學的研究團隊都在積極參與核融合和電漿的基礎研究。

　　若是使用氘和氚，作為燃料的氘在海水裡有 50 兆噸左右。氚則能夠利用海水中的鋰，以融合反應所產生的中子與鋰反應來產生氚。然而，實際上存在著大量產生出來的高速中子，會造成放射激化的問題等的各種困難。要實際謀求核融合能量的實用化，需要先利用大型的裝置實現核融合再加上不斷的研究。

　　目前國際熱核融合實驗反應爐 ITER 計劃正在進行中。該計劃是在法國的卡達拉舍（Cadarache）建造約束電漿的大型托卡馬克型磁場，是一座擁有 500M（M＝百萬）瓦特輸出的實驗反應爐。該反應爐預計於 2018 年開始運轉，進行氘原子核與氚原子核的核融合實驗（圖 3-16A），目標在於驗證燃燒與核融合反應爐工學。包括日本在內的亞洲與歐美各國都在積極合作參與該反應爐的建設（圖 3-16B）。

第 3 章註解

註 1：放射性原子核的個數 N 與放射線的強度，是以時間 T 的指數函數來表示，每經過
一次半衰期便會減半。以半衰期為 2 天的情形為例，經過 2 天、4 天、6 天、8
天，就分別會減為原來的 1/2、1/4、1/8、1/16。經過 20 天後會減為千分之一。

註 2：人體在地球環境中照射到的放射線量，平均一年約為 2.4 毫西弗左右。其中 50%
來自空氣中的氡、20%來自大地、15%來自宇宙射線、10%來自食物。我們自己
的體內也有不少放射能。

註 3：μ 介子是屬於輕子族的基本粒子。產生於宇宙射線與原子核的反應過程中製造出
來的 π 介子衰變時。第 5-9 節有詳細的說明。

註 4：費米（Enrico Fermi），1938 年諾貝爾物理學獎頒獎典禮後便直接從瑞典流亡到
美國。學術成就有費米統計、β 衰變理論、核分裂等的實驗・理論物理學。

註 5：貝特（Hans Bethe），1967 年諾貝爾物理學獎得主。

第 4 章
超超微觀的飛米世界裡的
基本粒子

～被禁錮的夸克～

第 4 章，我們開始帶你進入超超微觀的基本粒子
世界。原子核是由核子（質子和中子）和介子所
組成，而它們則是由夸克所組成。夸克有三種顏
色，而且夸克是被禁錮在核子和介子裡出不來。
本章將會說明原因是什麼。

質子和中子有夥伴嗎？

　　原子核是由核子（質子和中子）所組成，而核子有帶正電荷之狀態的質子與不帶電荷之狀態的中子。核子間的核力則由介子傳遞。如此就完成了由核子與介子所組成的單純物之構成。然而隨著研究的發展，我們已了解到物之構成其實是更加多樣且複雜。

　　當以具有高能量的光子或介子撞擊質子時，會產生質量比核子（質子和中子）還大（重）的Δ（delta）粒子。質量大代表其靜止質量能高，乃是一高能量狀態的核子。其靜止質量約比質子和中子多重了 30%（圖4-1A）。

　　以電子的電荷作為單位時，Δ粒子有＋2、＋1、0、－1這四種狀態。亦即Δ^{++}、Δ^{+}、Δ^{0}、Δ^{-}。Δ粒子會因屬於強交互作用的核力作用，而以約5秒的一兆分之一再一兆分之一的平均壽命，放出 π 介子衰變質子或中

圖 4-1A 核子（質子、中子）吸收光子和介子變成重粒子

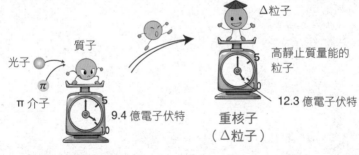

光子

π 介子

質子

Δ粒子

高靜止質量能的粒子

9.4 億電子伏特

12.3 億電子伏特

核子（質子、中子）

重核子（Δ粒子）

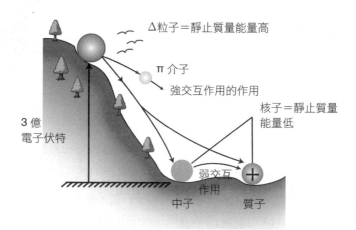

圖 4-1B Δ粒子會瞬間變成核子（質子·中子）

Δ粒子＝靜止質量能量高

π 介子

強交互作用的作用

核子＝靜止質量
能量低

3 億
電子伏特

弱交互
作用

中子　　　質子

子。Δ⁺⁺ 會放出 π⁺ 介子衰變成質子，Δ⁻ 會放出 π⁻ 介子衰變成中子（圖 4-1B）。

　　質子是種穩定的粒子，乃是靜止質量能最小的粒子。中子也是還算穩定的粒子，會因弱交互作用的作用而慢慢地衰變成帶正電荷之狀態的質子。Δ粒子雖然也會因弱交互作用的作用而慢慢地衰變成其他電荷狀態，但實際上會在那之前迅速地就因強交互作用的作用而衰變成核子。

　　核子（質子和中子）與光子和介子撞擊時，除了會產生Δ粒子之外，還會產生其他具有各種質量和電荷（狀態）的粒子。

　　這些粒子都是核子的夥伴粒子，會因強交互作用的作用而衰變成核子（質子和中子）。且因都是高靜止質量能狀態的粒子，會瞬間衰變成核子的「不穩定核子」。能夠以人工的方式從地球上天然存在的核子中將它們製造出來。

　　實際上，核子在原子核內同樣也是在很短的發生時間內，不斷轉換於Δ粒子和核子之間。

奇異粒子如何
產生出來的？

　　讓核子（質子和中子）與高能量的介子和光子撞擊，會產生稱為超子的新型粒子（圖4-2A）。

　　超子並不會因強交互作用而瞬間衰變成核子，而是因弱交互作用的作用放出π介子，慢慢地衰變成核子。超子的平均壽命也是約為1秒的一百億分之一。基本粒子時鐘是以約1秒的一兆分之一再一千億分之一的單位時間轉動。以人體時鐘心臟1秒鐘跳動約1次，平均壽命有80歲左右。以基本粒子時鐘計時得到的超子壽命，約等同於人類活了30萬年。超子是一種壽命極長的穩定粒子（圖4-2B）。超子的種類有以下幾種。

圖 4-2A 超子的產生與變換

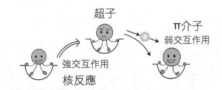

圖 4-2B 人體時鐘與基本粒子時鐘

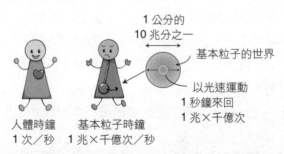

圖 4-2C 超子（奇異粒子）

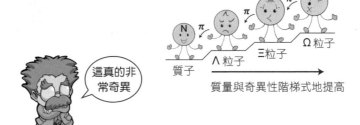

這真的非常奇異

質子　Λ 粒子　Ξ粒子　Ω 粒子

質量與奇異性階梯式地提高

Λ（lambda）粒子，是最輕的超子，靜止質量能約 11 億電子伏特，電荷狀態則只有 0 這一種狀態，也就是說是電中性的。它會因弱交互作用的作用，長時間緩慢地放出 π^0 或 π^- 介子而衰變成中子或質子。

Σ（sigma）粒子，比 Λ 粒子重一些，靜止質量能為 12 億電子伏特。有 Σ^+、Σ^0、Σ^- 三種電荷狀態。Σ 粒子同樣也受弱交互作用的作用，和 Λ 粒子一樣在經過 1 秒的一百億分之一左右的壽命後，衰變成核子（質子或中子）與 π 介子，惟 Σ^0 粒子則是放出光子瞬間衰變成 Λ（電荷 0）粒子。

Ξ（xi）粒子，有 Ξ^0、Ξ^- 兩種電荷狀態。Ω（omega）粒子，只有一種電荷狀態 Ω^-。這兩種超子都是還算穩定的粒子，會因弱交互作用放出 π 介子，並在經過約 1 秒的一百億分之一左右的時間後，Ξ 粒子衰變成 Λ 粒子，Ω 粒子衰變成 Ξ 粒子或 Λ 粒子。

上述這些粒子是有別於核子（質子和中子）的新型粒子，被稱為**奇異粒子**（strange particle）。「奇異（strange）」原指新加入的或不同種類的，也因為這些粒子非常奇異，所以就稱它們為**奇異粒子**。核子、Λ 粒子與 Σ 粒子、Ξ 粒子、Ω 粒子的各個粒子群組，是因弱交互作用而結合，奇異的程度（奇異性）可說是呈階梯式地提高（圖 4-2C）。

介子也有夥伴？

介子還有和π介子同為夥伴的介子與新型的介子。能夠利用加速粒子製造核反應而以人工方式產生。以下介紹各種介子。

π介子是靜止質量能約1億4千萬電子伏特、質量最小（輕）的介子，會因弱交互作用的作用，在度過1秒的一億分之一左右的壽命後衰變成別的粒子。若以基本粒子時鐘來計時，π介子是種非常長壽、還算很穩定的粒子。但π⁰介子會因電磁力的作用，於約1秒的一億分之一再一億分之一時間裡，瞬間放出兩道γ射線而湮滅。

和π介子同為夥伴的η（eta）介子和ρ（rho）介子，靜止質量能分別約為5.5億電子伏特和7.7電子伏特。皆會因電場的作用瞬間放出γ射線而湮滅，或者會因強交互作用的作用而瞬間衰變為π介子（圖4-3A）。

圖 4-3A 介子鎮

　　K 介子，靜止質量能約 5 億電子伏特，是一種和 π 介子及 π 介子的夥伴介子不同類型的新型介子，被稱作奇異介子。電荷狀態有 K⁺、K⁰、K⁻三種，其中 K⁰ 介子還有性質相異的兩種 K⁰ 介子存在。K 介子不會因強交互作用而變為 π 介子，而是因弱交互作用經約 1 秒的一億分之一至 1 秒的一百億分之一的壽命後變為 π 介子。

　　φ（phi）介子，是一種質量大致為 K 介子兩倍的新型奇異介子。其電荷量為 0，會因強交互作用而瞬間（約 1 秒的一兆分之一再一百億分之一的時間）變為兩個 K 介子。

　　就像 π 介子時常進出核子般，K 介子會進出 Λ 粒子與 Σ 粒子。從 Λ 粒子放出 K⁻ 介子時，會產生質子，K⁻介子回到該質子後會產生 Λ 粒子。由於 K 介子質量重，所以即使被放出也移動得不遠，會馬上返回。K 介子能夠擴展出去（移動）的距離，約等同 K 介子的康普頓波長，0.5 公分的十兆分之一左右（圖 4-3B）。

　　令 K⁻ 介子入射至中子時，會產生 Λ 粒子並放出 π⁻ 介子，而入射 π⁺ 介子時，會產生 Λ 粒子並放出 K⁺ 介子。

圖 4-3B 飛出的 π 介子與 K 介子

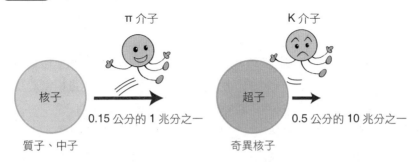

π 介子　　　　　　　　　　　　　K 介子

核子　　　　　　　　　　　　　超子

0.15 公分的 1 兆分之一　　　　　0.5 公分的 10 兆分之一

質子、中子　　　　　　　　　　奇異核子

4 4 ★ 重子與介子所組成的強子大家族

　　除了核子（質子和中子）和 π 介子之外，還有 Δ 粒子、超子（奇異粒子）、K 介子等各種粒子。我們把這些粒子稱為強子（hadron）。

　　強子的族群，亦即強子族，是一個大家族。能夠以人工的方式從核子和 π 介子經中高能量的原子核，反應製造出各種強子族的粒子。強子族很龐大，分為重子族與介子族兩個族群。

　　重子族中核子是質量最小的穩定粒子，構成了現存的原子核。Δ 粒子和其他與核子同為夥伴的粒子，會因強交互作用的作用，而瞬間衰變成核子。

　　超子則是種類異於核子的新型（奇異）粒子，依奇異程度（奇異性）可分為 Λ·Σ 粒子的群組、Ξ 粒子的群組、Ω 粒子的群組三個群組。各群組的粒子會因弱交互作用而衰變成奇異程度低一階的粒子。

　　介子也有 π 介子與其介子夥伴的介子族群、異種新型（奇異）的 K 介子和 φ 介子。

　　核子和其他重子皆存在質量相同，但電荷量等性質相反的反粒子，例如質子存在電荷性為負的反質子（註 1：第 4 章的註解在第 146 頁），Δ^{++} 粒子存在反 Δ^{--} 粒子（圖 4-4）。

　　中子和 Λ 粒子的電荷量為 0，因此反中子和反 Λ 粒子的電荷量也是 0，但粒子性質是相反的。粒子和反粒子相遇時，會放出能量相當於其靜止質量能的 γ 射線和介子，而瞬間湮滅。電子會與正電子（反電子）合體而湮滅，轉換為兩道 γ 射線。

　　強子族的粒子包括了重子、介子，再加上反粒子，真的非常多種多樣。眾多的種類相類的原子核乃是由核子（質子和中子）組合而成，那麼

各種強子族的各粒子，應該也是由某些基本的粒子所組成的吧？

　　費米、楊振寧以及坂田昌一曾提出各個重子和介子，是由一些基本粒子組成的想法。過沒多久後夸克便登場了，為最基本粒子帶來了嶄新的樣貌。

圖 4-4 重粒子村（位於綠丘上的粒子族的家與映在湖水水面的反粒子族的家）

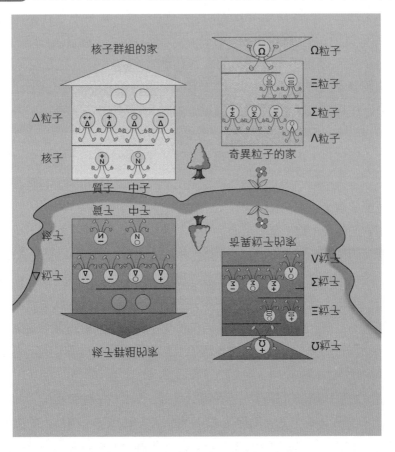

超核的不同之處？

　　超子也被稱作奇異粒子，是種和核子（質子和中子）異質的新類型粒子。現存的原子核是由核子所組成的，但我們能夠以人工方式製造出以超子為組成粒子之一的原子核，稱為超核。

　　原子核內有一個 Λ 粒子的原子核稱為 Λ超核。碳 12 核是由 6 個質子和 6 個中子所組成，若將其中一個中子替換成 Λ粒子，就會變為由 6 個質子、5 個中子、1 個 Λ 粒子組成的碳 Λ 超核。

　　由於 Λ 粒子的電荷量為 0，因此碳超核的電荷量就是質子個數的 6，和碳原子核相同。以高能量光子撞擊碳內的中子時，中子會放出電中性的 K 介子衰變成 Λ 粒子，碳原子核就變成了 Λ 超核。

　　在原子核內，特定軌道上有規定數量的質子專用座位，和相同規定數量的中子專用座位。因此繞轉該特定軌道的質子的個數和中子的個數，是依規定座位數來決定。

　　相對於此，Λ粒子雖然電荷性和中子相同，但乃是奇異程度不同（其他狀態）的粒子，因此有 Λ 粒子專用的座位（規定數量）。是以 Λ 粒子會進入該軌道直到坐滿規定數量為止（圖 4-5A）。

　　當想要在一原子核加進新的質子或中子時，因為內側各軌道已塞滿了質子和中子，把內側各軌道規定數量的座位坐滿，所以新的質子或中子會進入最外側的軌道。相對於此，Λ粒子因為其是異質的粒子，所以能夠在最內側的軌道繞轉。

　　超核的種類除了 Λ超核之外，還有具有一個 Σ粒子的 Σ超核、具有一個 Ξ 粒子的 Ξ 超核、具有兩個 Λ 粒子的雙 Λ 超核等等。超核內的超子會因弱交互作用的作用而衰變成質子或中子，相應地超核就變為一般的原子

核（圖 4-5B）。

　　超核是一種新類型的原子核，我們能夠從超核分光法的研究明白超子與核子結合的強交互作用、作用於超子的弱交互作用、超核特有的構造等超核的性質。

圖 4-5A　超核內的超子

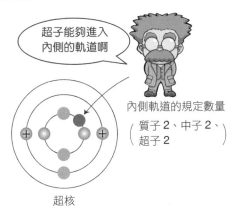

超子能夠進入
內側的軌道啊

內側軌道的規定數量
（質子 2、中子 2、
超子 2）

超核

圖 4-5B　超核的衰轉

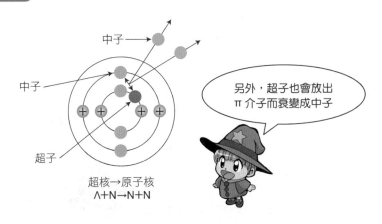

中子

中子

超子

另外，超子也會放出
π 介子而衰變成中子

超核→原子核
Λ+N→N+N

質子和中子是由什麼組成的？

　　蓋爾曼和茨威格在 1946 年時提出了夸克模型，即核子（質子和中子）與奇異粒子等重子，是由 u 夸克、d 夸克、s 夸克這三種夸克組合而成的。以電子的電荷量作為單位，u 夸克的電荷量為 2/3，d 夸克的為 −1/3，s 夸克的為 −1/3（圖 4-6A）。

　　夸克模型的革新點在於，導入了以當時的實驗技術還無法得知其存在，且電荷量還是分數的夸克粒子。

　　每種夸克都是屬構成物質的費米子，在微觀世界的單位下，其自旋為 1/2。u 夸克與 d 夸克是電荷狀態相異的夥伴，s 夸克則是有別於 u 夸克與 d 夸克的奇異夸克。

　　核子和 Δ 粒子是由三個 u 夸克及 d 夸克所組成，其中 u 夸克及 d 夸克

圖 4-6A 夸克

u 夸克 $+\dfrac{2}{3}$　　　d 夸克 $-\dfrac{1}{3}$　　　s 夸克 $-\dfrac{1}{3}$

$\overset{++}{u}$　　　　　$\overline{d}$　　　　　$\overline{S}$　　奇異夸克

～比較重　　1 億電子狀特

圖 4-6B 核子（質子、中子）

電荷　$\dfrac{2}{3}+\dfrac{2}{3}-\dfrac{1}{3}=1$　　　$\dfrac{2}{3}-\dfrac{1}{3}-\dfrac{1}{3}=0$

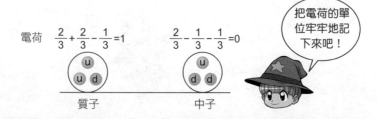

質子　　　　　　中子

把電荷的單位牢牢地記下來吧！

的比例則是依各粒子的電荷狀態決定。質子是由 u、u、d 這三個夸克組成，中子則是由 u、d、d 這三個夸克組成。兩者的電荷量計算分別是：2/3＋2/3－1/3＝1，等於質子的電荷量；2/3－1/3－1/3＝0，等於中子的電荷量（圖 4-6B）。

至於 Δ 粒子，Δ⁺⁺ 是 u、u、u 的組合，Δ⁺ 是 u、u、d 的組合，Δ⁰ 是 u、d、d 的組合，Δ⁻ 是 d、d、d 的組合。Δ 粒子的電荷狀態，會依據構成 Δ 粒子的夸克是 u（＋2/3）或 d（－1/3）的電荷狀態而決定（圖 4-6C）。

屬於超子的 Λ 粒子是由 u、d、s 這三個夸克所組成，電荷量計算為 2/3－1/3－1/3＝0，等於 Λ 粒子的 0 電荷量。Σ 粒子是由 u 和 d 其中一者兩個和一個 s 組成。

屬於奇異夸克的 s 夸克乃是有別於 u 和 d 的異種奇異夸克。奇異程度（奇異性）是以 s 夸克的個數表示。Ξ 粒子是由 u 或 d 夸克與兩個 s 夸克所組成，Ω 粒子是由三個 s 夸克所組成（圖 4-6D）。

圖 4-6C　Δ粒子

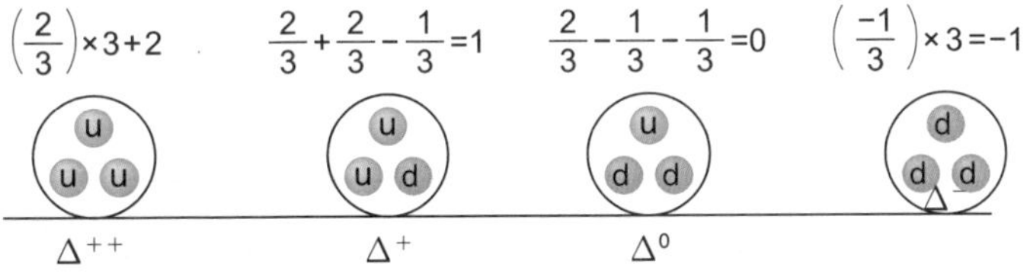

圖 4-6D　超子（奇異粒子）

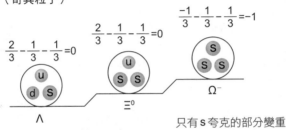

只有 s 夸克的部分變重

4 7 ★ 夸克的自旋和 夸克磁鐵

核子（質子和中子）、Δ粒子、超子等重子內的三個夸克會自旋。三個夸克自旋的相加，便等於核子等重子的自旋。

在微觀世界的單位下，核子和夸克的自旋的大小（自旋的旋轉運動）都為 1/2。就如同幾個自旋 1/2 的核子加起來就等於原子核的自旋般，三個自旋 1/2 的夸克的集合會成為自旋 1/2 的核子、自旋 3/2 的Δ粒子，或者其他重子的自旋。

自旋軸向就是右螺絲的旋進方向，右旋以＋表示、左旋以－表示。以右旋自旋＋ 1/2 的核子為例，核子內的三個夸克之中有兩個夸克的自旋是右旋（＋），一個夸克是左旋（－），全體便是＋ 1/2 ＋ 1/2 － 1/2 ＝＋ 1/2，也就是右旋自旋（圖 4-7A）。

至於 Λ 粒子，u、d、s 夸克之中的 u 和 d 夸克的自旋方向彼此反向，＋和－相抵消，是以 Λ 粒子的自旋就等於 s 夸克的自旋。

圖 4-7A 夸克的自旋

唷！

從下往上看是右旋時
便是自旋向上＋ 1/2

一般的螺絲從下往上看時
往右轉時會往上旋進

圖 4-7B　使質子內的夸克的自旋反轉，製造Δ粒子

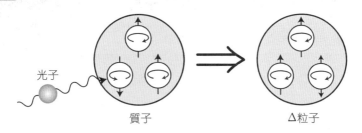

光子

質子　　　　　　　Δ粒子

入射光子使左旋（從下往上看）夸克的自旋變為右旋，質子便變成了所有夸克都是右旋自旋的Δ粒子

　　Δ粒子和核子同樣都是由 u 和 d 這兩個夸克夥伴所組成的粒子，但Δ粒子的自旋是 3/2。

　　Δ粒子的三個夸克的自旋為同向，三個＋ 1/2 加起來是 3/2。當質子或中子的三個夸克的自旋分別為右旋、右旋、左旋時，左旋的夸克吸收特定能量的光子會使自旋轉向而變為右旋，結果便產生了三個夸克都是右旋、加起來自旋為＋ 3/2、靜止質量等於被吸收掉的光子能量大小的大質量Δ粒子（圖 4-7B）。

　　會自旋的電子是一個磁鐵，而帶電荷又做自旋的夸克則像是一個迷你磁鐵。

　　三個夸克磁鐵集合起來就形成質子磁鐵或中子磁鐵。質子磁鐵和中子磁鐵的方向與強度，會和以夸克磁鐵為基礎計算出來的值一致。電荷量為 0 的中子會變成磁鐵，並不是因為中子是沒有內部結構的 0 電荷基本粒子，而是因為中子內部有帶電荷的夸克在自旋之故。

4 8 ★ 反質子和介子是由什麼組成的？

　　相對於質子的存在，也存在電荷量等性質和質子相反的反質子。同理，相對於 u、d、s 三種夸克，也存在電荷量等性質相反的反 u（−2/3）、反 d（＋1/3）、反 s（＋1/3）的反夸克。

　　若將重子內的各個夸克替換成反夸克，就會變成反重子。

　　質子（uud）存在反質子（反 u 反 u 反 d），中子（udd）存在反中子（反 u 反 d 反 d），而 Δ^{++}（uuu）也存在反 Δ^{--}（反 u 反 u 反 u）（圖 4-8A）。

　　粒子和反粒子相遇時，會放出介子和光子而湮滅。這時各夸克和其反夸克會湮滅。

　　介子與核子等重子不同，介子會反覆地產生和湮滅。

　　質子吸放 π^- 介子會變為中子，但這只是質子從＋電荷狀態變為 0 電荷狀態的中子而已，並沒有發生產生和湮滅的過程。π 介子則是被吸收掉而消失。Δ 粒子會變成質子或中子，且在變換時會放出新的介子。介子之所以會發生這樣子的產生和湮滅，是因為介子是由夸克與反夸克成對組成的關係。

　　各種 π 介子具有的夸克和電荷量為，π^+ 是 u（＋2/3）反 d（＋1/3），π^0 是 u（＋2/3）反 u（−2/3）或 d（−1/3）反 d（＋1/3），π^- 是 d（−1/3）反 u（−2/3）。質子吸收 π^- 介子的反應可以寫成質子（uud）＋π^-（d 反 u）＝中子（udd）。此處，質子內的 u 夸克與 π^- 介子內的反 u 夸克會湮滅，介子內的 d 夸克會進入質子內，質子變成了中子。π^0 內的 u 夸克與反 u 夸克或 d 夸克與反 d 夸克會因電場的作用而瞬間湮滅，轉化成兩道 γ 射線（圖 4-8B）。

　　至於 K 介子所具有的夸克，K⁺ 介子是 u（＋ 2/3）反 s（＋ 1/3），K⁻ 介子是反 u（－2/3）s（－1/3）。事實上，中子會吸收 K⁻ 介子變為 Λ 粒子與 π⁻ 介子，而這時中子內的 d 夸克與 K⁻ 介子內的 s 夸克會交換。K⁺ 介子與 K⁻ 介子相遇時，各自的 u 夸克和反 u 夸克會湮滅，產生 φ 介子（s · 反 s）。

圖 4-8A　質子與反質子

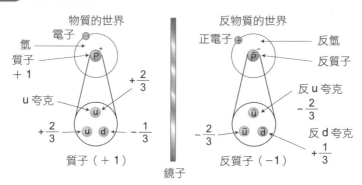

圖 4-8B　介子

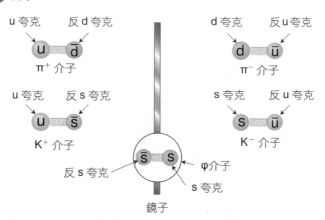

夸克為什麼有三種顏色？

　　構成原子核的核子（質子和中子）屬於自旋 1/2 的費米子。依據包立不相容原理（Pauli Exclusion Principle），電荷和自旋方向（自旋的旋轉方向）為相同（狀態）的核子是不能同時存在於相同場所，無法重疊存在的。夸克也屬於構成核子和介子的自旋 1/2 的費米子，依據包立不相容原理，無法有兩個以上相同狀態的夸克同時存在（註2）。

　　我們把夸克的 u、d、s 稱為味。也就是說 u、d、s 就是味分別為 u 狀態的夸克、d 狀態的夸克、s 狀態的夸克。

　　Δ^{++} 粒子的三個夸克為相同電荷量（＋2/3）狀態，都是 u 味狀態。相同的自旋方向，且存在於相同場所。會有這種情形的可能，就一定要三個夸克分別為不同的狀態。

　　作為夸克新的三種狀態，有人想到使用紅、綠、藍三原色。這並不是說夸克本身具有顏色，這三種顏色不過是用來進行區別而已（圖 4-9A）。

　　Δ^{++} 內的三個夸克雖然都是 u 的味、＋2/3 的電荷量、相同的自旋方向，但顏色（的狀態）分別是相異的紅、綠、藍，因此並不牴觸包立不相容原理（圖 4-9B）。

圖 4-9A 夸克有三種顏色狀態：紅、綠、藍三原色

光的三原色
紅、綠、藍三原色調合後會變無色
一顏色和其相對的互補色調合後會變無色

圖 4-9B Δ^{++} 的夸克

Δ^{++} 粒子內的夸克的味（u）、自旋（＋1/2）（右旋）
雖然是相同的，但顏色各自相異。調合後是無色

圖 4-9C 重子與介子的夸克的顏色

Ω 粒子內的三個 s 夸克同樣也是 s 味，也是同樣的電荷量，但顏色分別是不同的紅、綠、藍。

核子（質子和中子）、Δ 粒子、超子等重子全都是由紅、綠、藍的三夸克所組成。是以，三原色調合後就會變為無色。介子是由夸克與反夸克所組成，如果夸克的顏色是紅色，則反夸克就會是反紅，亦即是紅色的互補色。紅色和其互補色調合後就變為無色（圖 4-9C）。

我們可以說夸克是穿著紅、綠、藍其中一種顏色的外衣。夸克有時會換穿不同的外衣。質子有時是 u（紅）u（綠）d（藍），有時是 u（紅）u（藍）d（綠）。π^+ 介子有時是 u（紅）・反 d（反紅），有時是 u（綠）・反 d（反綠）或 u（藍）・反 d（反藍）。不論是哪種顏色組合，調合後都是無色。

夸克真的存在嗎？

夸克是當初物理學家為了說明粒子的構成與性質，基於理論而導入的。

弗里德曼、肯德爾、泰勒（註3）的實驗，利用史丹佛大學的電子加速器射出的電子射束照射質子，證實了夸克的存在。

電子射線的能量非常高，進入1公分的十兆分之一大小的質子中，並接近質子內的夸克。物理學家發現電子射線因為夸克產生了巨大的變化。這實驗就相當於過去從 α 放射線的偏轉現象發現到原子內的小原子核的實驗一樣。

質子和中子內存在夸克的直接確認方法就是將夸克拿出來觀察。如同原子核雖然是由質子和中子構成，但我們也成功將質子和中子拿到原子核外。此外，質子和中子實際上會獨立存在。

圖 4-10A 分數電荷 2/3 和 −1/3 的夸克不會被放出

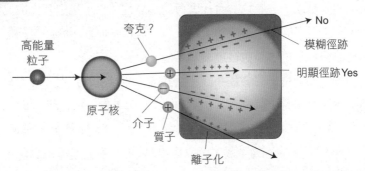

電荷量為＋1的質子和電荷量為−1的介子，有著高離子密度的明顯徑跡：YES
電荷量為 1/3 和 2/3 的夸克的低離子密度模糊徑跡，並不存在：NO

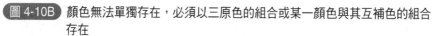

圖 4-10B 顏色無法單獨存在，必須以三原色的組合或某一顏色與其互補色的組合存在

物理學家嘗試過許多種實驗，想要將夸克從核子中取出，但都未曾出現有單獨的夸克跑到核子外的實驗結果。物理學家研究過以加速器射出的入射粒子撞擊質子所產生的粒子，可是並沒有發現具有 1/3 和 2/3 這類分數電荷的夸克有被放出來的跡象。夸克並無法單獨被分離出來（圖4-10A）。

以高能量粒子正面撞擊原子核時，會有各種的夸克和反夸克產生。然而，這些被放出的各種粒子，都是屬於夸克之組合的介子或重子，並沒有單獨的夸克出現。

夸克並不會單獨存在，會在核子等重子內以紅、綠、藍三個夸克的組合存在，或者是在介子內以某一顏色和其相反色的夸克・反夸克對存在。

夸克不會單獨存在意味著顏色不能夠單色存在，只有無色的粒子才能單獨存在。三個夸克合起來形成重子，並因三原色的組合而成為無色；或者是一對的夸克・反夸克形成介子，並因一顏色和其互補色（相反色）的組合而成為無色（圖 4-10B）。

夸克重組反應

我們能夠藉由夸克所參與的反應，來產生各種夸克組合的重子和介子。這就如同以原子核反應來產生各種核子（質子和中子）組合的原子核一樣（圖4-11）。

在第4-7節中已經說明過，能夠以具有特定能量的光子照射核子引起共振，使核子內的一個夸克的自旋的旋轉方向反轉而產生Δ粒子。

當Δ粒子內的一個夸克要飛出夸克外時，將夸克結合一起的橡皮筋會拉伸，並在拉伸至某點時斷掉，在斷裂處會產生一對夸克‧反夸克。斷裂處的夸克會返回而產生核子，而反夸克則會和飛出的那個夸克合體成為π介子飛出去。

以高能量的光子撞擊質子時，質子內的u夸克會被擊出，此時會產生一對s夸克和反s夸克。反s夸克會與之前被擊出的u夸克合體成為 K⁺ 介子而放出，s夸克則會留在原本的粒子裡頭，而產生由u、d、s組成的Λ粒子。

另一方面，以 K⁻ 介子（反u、s）撞擊質子（u、u、d），交換K⁻介子內的s夸克與質子內的d夸克。K⁻介子會變成 π⁻ 介子（反u、d），質子會變成 Σ⁺ 粒子（u、u、s）。

使用光子、介子、質子等作為入射粒子，能夠進行各種夸克重組反應的研究。

作者和研究夥伴曾利用 π⁺ 介子撞擊原子核內的中子，使中子重組成Λ粒子，產生在超核內朝固定方向自旋的 Λ 粒子。Λ 粒子內右旋自旋的s夸克會因弱交互作用而衰變成 u 夸克，Λ粒子會變為質子被放出，研究團隊量測該放出的方向，首次證明了在弱交互作用的衰變中宇稱不守恆（註

4）（圖 4-11 的下圖）。

圖 4-11　夸克重組反應

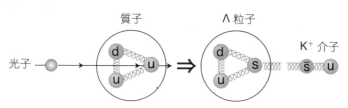

光子將 u 夸克擊出→產生 s 夸克與反 s 夸克→斷開

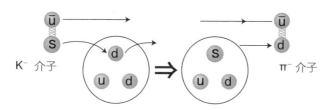

K⁻ 內的 s 夸克進入中子內，擊出 d 夸克

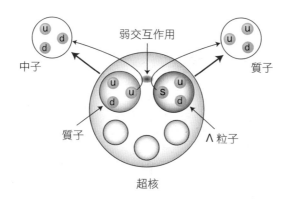

超核內的質子內的 u 夸克會衰變成 d 夸克，Λ 粒子內的 s 夸克
會衰變成 u 夸克，質子和 Λ 粒子分別衰變成中子和質子被放出

束縛夸克的色力

夸克之所以不會單獨存在，是夸克間的力的性質所造成的。在質子內，夸克彼此間就像橡皮筋般連結著，而該結合的能量和長度成正比。

想要把夸克從質子內拉離開時，橡皮筋就會拉伸，要將夸克取出是需要無限大的能量的（註5）。

若將原子核內的核子（質子和中子），拉離開原子核至某一程度，核力的作用就會消失而能夠將核子取出。

相對於此，夸克則是不管離得多遠都會有力在作用。遠到一個程度時橡皮筋就會斷掉，在斷裂處則會產生一對夸克和反夸克。該反夸克會和被拉離開的夸克合體成為中子而脫離。以高能量光子撞擊質子內部時，並不會讓夸克分離出來，而是會放出介子。

圖 4-12A 從質子取出π介子

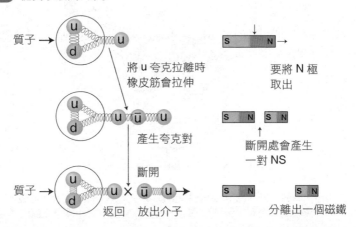

圖 4-12B 以膠子交換顏色

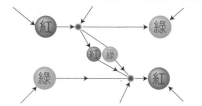

紅夸克→放出紅‧反綠膠子→變成綠夸克

綠夸克→吸收紅‧反綠膠子→變成紅夸克

顏色變換的流程非常重要呢

　　夸克無法單獨取出，就和無法從一對 N 極與 S 極所組成的磁鐵僅分離出 N 極是一樣的。就算從中間把磁鐵斷開，斷開處會產生一對 N‧S 極，即分離出一個磁鐵且還留下另一個磁鐵（圖 4-12A）。

　　將夸克與夸克結合在一起的力是色力，傳遞色力的是膠子。色力屬於強交互作用，強度比電磁力還大上好多位數。在夸克之間，膠子就像橡皮筋一樣連著地將兩個夸克（顏色）結合起來。

　　夸克會藉由膠子來交換顏色。顏色能夠以衣服來比喻。在由 A（紅）、B（綠）、C（藍）三種夸克組成的核子內部，有時膠子會把A夸克的紅衣交給 B 夸克，把 B 夸克的綠衣交給 A 夸克，變成 A（綠）、B（紅）、C（藍）的核子（圖 4-12B）。在介子內也是同樣的，原來是夸克（紅）與反夸克（反紅）的夸克對，有時會經由膠子而變為夸克（藍）與反夸克（反藍）的夸克對。

　　膠子具有顏色組合，即所接收的顏色的衣服與要交出的顏色的衣服。三種顏色組合起來共有 8 種膠子。

　　傳遞電荷與電荷間電磁力的光子不帶電荷，因此在光子的交換中，各粒子的電荷量不會改變。

4 雷射電子光與
13 夸克核分光

夸克的世界是 1 公分的十兆分之一的超超微觀（微小）世界。要探索夸克的世界，需要使用能量極高、波長極短的粒子。雷射電子光是數十億電子伏特能量的光，是種波長約 0.5 公分的十兆分之一的超短波長光。利用雷射電子光，就能夠進入核子等重子和中子內部的超超微觀世界，調查夸克的運動和反應。

LEPS（註 6）就是使用雷射電子光的夸克核分光計劃，該計劃是由計劃當時的大阪大學核物理研究中心所長（筆者）等物理學家，在國際合作下開始的。以雷射光正面撞擊 SPring-8 電子加速器（位於日本兵庫縣西播磨）的 80 億電子伏特的電子，使之散射而獲得雷射電子光。由於能量會在放大十億倍後返回，因此能夠獲得世界上最高能量、數十億電子伏特的光（圖 4-13A、B）。

圖 4-13A SPring-8 同步輻射光源 80 億電子伏特電子儲存環

（出處：SPring-8 網站）

在SPring-8的電子儲存環裡，是使用同步輻射光源調查分子和晶體內電子的運動。雷射電子光則是波長比同步輻射光源短了上百萬倍的光，因此能夠調查原子的百萬分之一之大小的微小夸克世界（圖4-13B）。

目前也有以雷射電子光撞擊質子或重子等粒子，來研究各種中子和奇異粒子（超子）。

物理學家從雷射電子光所引起的反應裡，調查了φ介子的產生機制。φ介子是由s夸克與反s夸克組成的介子，會分離成兩個K介子。物理學家量測該些K介子，調查膠子在φ介子產生時的作用。

大阪大學的中野及其研究夥伴的團隊最近的研究指出，雷射電子光與碳原子核和氘核內中子的反應，暗示可能存在由5個夸克組成的5夸克態（pentaquark）（註7）。

圖 4-13B 同步輻射光源與雷射電子光

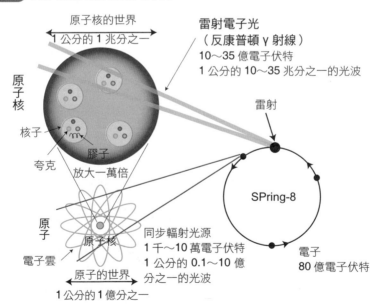

夸克被禁錮著？

　　核子（質子和中子）內與介子內的夸克是被禁錮著的，無法單獨脫離到外部。夸克在核子內是以紅、綠、藍三個夸克的組合牢牢地結合在一起，在中子內則是以某一顏色的夸克與其互補色的反夸克的夸克對牢牢地結合在一起。

　　相對於此，電荷則是不論正電荷或負電荷都能夠單獨（單極）存在，並且電力線會往四面八方延伸。另一方面，磁荷則永遠是 N 與 S 成對存在，單獨的 N 或 S 是不存在的（圖 4-14A）。

　　磁力線無法進入超導體，只能到達超導體外。因此若一空間裡有磁荷 N 與 S，其四周並以超導體圍繞，則磁力線便無法延伸至四周的超導體而被封閉在該空間中。

　　在介子內，某一顏色的夸克與其互補色的反夸克是因色力線（膠子）而連結。夸克、反夸克、色力線（膠子）都是被禁錮在介子這狹小空間內。介子外的空間對色力線來說就像是磁力線時的超導體一樣，色力線是無法到介子外的空間的（圖 4-14B）。

圖 4-14A 電力線會向四面八方自由延伸，而磁力線是從 N 極出發進入 S 極

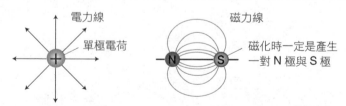

圖 4-14B　受到禁錮的色力線

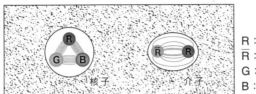

R：紅
R̄：反紅
G：綠
B：藍

將顏色結合在一起的色力線，被禁錮在質子、中子和介子內

圖 4-14C　顏色的分色

膠子

R（紅）夸克

喔～
原來如此

紅色的夸克四周會有紅色成分的膠子聚集過來，
離紅色夸克愈遠，紅色愈多，色力也變得愈強

　　夸克的顏色和色力的特性是離得愈遠，強度愈大。橡皮筋的能量是離得愈遠就愈大。紅色的夸克的四周會聚集同樣擁有紅色成分的膠子，紅色因此增加。接著在其四周又會有同樣擁有紅色成分的膠子聚集，因此紅色變得愈來愈多（圖 4-14C）。電荷的情形則正好相反，由於電荷分極現象，正電荷的周圍會聚集負電荷，使電荷量減少。

　　夸克的紅色會愈近愈淡，愈遠愈濃。能量高而接近時，顏色和色力都弱。能量低時波長較長離得較遠，顏色會變得較濃，色力也愈大。

　　量子色動力學是一描述作用於夸克的色力的理論。由於實際上的夸克和膠子的色力之大，使量子色動力學的計算規模非常龐大。最近高速電腦進步迅速，某程度上已經能夠處理夸克‧膠子的相關大規模計算。

充滿魅力的夸克

　　1974 年，在美國的史丹佛加速器中心與布魯克赫文國家實驗室，分別獨立發現了新的魅夸克（c 夸克）。

　　麻省理工學院的丁肇中（註 8）團隊，利用布魯克赫文國家實驗室的同步加速器，進行了高能量加速質子撞擊鈹原子核內質子的實驗。實驗團隊從數據的分析結果，發現到一種會衰變成電子與正電子對的新粒子，取名為 J 粒子，是一靜止質量能為 31 億電子伏特的新粒子。

　　於此同時，史丹佛大學的里克特（註 8）團隊讓線形加速器加速的高能量電子與正電子正面相撞擊，一邊改變能量一邊量測反應，這相當於丁肇中團隊實驗反應的相反過程。

　　實驗團隊發現在電子與正電子的能量之和，剛好為 31 億電子伏特時

圖 4-15A J/ψ粒子（c 夸克對）的產生

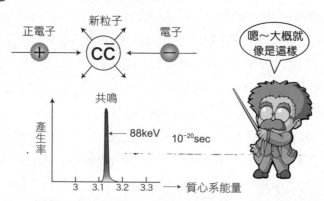

兩個電子的能量之和為 31 億電子
伏特時會發生共振，產生新粒子

圖 4-15B D 介子與 J/ψ 粒子的質量

D 介子	Ds 介子	J/ψ 粒子
~19 億電子伏特	~20 億電子伏特	31 億電子伏特

會發生共振，電子與正電子的能量會為轉化為靜止質量能，因此就以雙方取名的結合－「J/ψ 粒子」來作為新粒子的名字。後來又發現了能量約 J/ψ 粒子一半的一系列 D 介子。J/ψ 粒子和 D 介子都是較為穩定的介子，是由新發現的 c 夸克所組成的介子。

　c 夸克（魅夸克）的靜止質量能為 13 億電子伏特左右，電荷量為＋2/3。相對於目前為止所提到 u 夸克、d 夸克、s 夸克這 3 個夸克的世界，這第 4 個夸克－ c 夸克的存在使夸克物理的發展躍進了一大步。

　　因為新的 c 夸克的出現，能夠由 c 夸克和其他的 u、d、s 夸克的組合產成新的介子。J/ψ 粒子就是由 c 夸克和反 c 夸克組成的介子，其 31 億電子伏特的靜止質量能，約相當於 c 夸克的兩倍。

　　D 介子的夸克對則是一個是 c 夸克或反 c 夸克，另一個是 u、d、s 的反夸克或夸克其中一者。D 介子的靜止質量能，只比一個 c 夸克的質量大了 u、d、s 夸克的質量，為 20 億電子伏特左右（圖 4-15B）。

　　另外，關於第 4 個夸克——c 夸克的存在，物理學家認為在因弱交互作用引起的夸克味變中，相對於 d 夸克與 u 夸克為一組，c 夸克則是與 s 夸克成一組。

第三代夸克的探索

　　1973 年，小林與益川提出了夸克組有三代的假設。若三代之間互相混合，就會破壞掉某種對稱性（註 9）。三代夸克的存在與對稱性破壞在後來的實驗中都被證實了。

　　J/ψ 粒子與構成 J/ψ 粒子的第 4 個夸克——c 夸克的發現，確立了兩代的夸克組。亦即，第一代的 u 夸克與 d 夸克組和第二代的 c 夸克與 s 夸克組。在弱交互作用的作用中，各個夸克不會只在同一代的夸克間變換，而是各代間相混合，超越世代地變換。

　　屬於第三代夸克組之一的第 5 個夸克——b（底）夸克，是由萊德曼與山內泰二等人的研究團隊，利用費米實驗室的質子加速器證實其存在。當時在該實驗中所發現到的是由 b 夸克和反 b 夸克所組成的ϒ（upsilon）介子，其具有 95 億電子伏特的靜止質量能。也就是說，b 夸克的靜止質量能為ϒ介子靜止質量能一半的 42 億電子伏特左右。b 夸克或反 b 夸克與第一代和第二代的反夸克或夸克組合，能夠產生多種的 B 介子。

　　日本KEK高能加速器研究機構和史丹佛研究所，曾做過產生大量B介

圖 4-16A　頂夸克對的產生

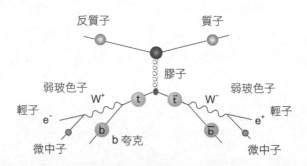

圖 4-16B CDF（Collider Datector at Fermilab）對撞機偵測器

（出處：KEK 高能加速器研究機構網站）

子進行B介子衰變成其他粒子的量測實驗，確認了小林・益川所預測般的對稱性破壞。

之後，為了找出第 6 個夸克 t（頂）夸克，世界上許多研究機構都投入了心力。KEK 高能加速器研究機構也建造了 TRISTAN 加速器，進行 t 夸克的探索。

到了 1994 年，終於由費米實驗室的 CDF 團隊發現了 t 夸克。CDF 團隊是利用質子・反質子對撞型的 Tevatron 加速器，產生 t 夸克和反 t 夸克對，從其衰變確認靜止質量 1720 億電子伏特的t夸克的存在（圖 4-16A、B）。該實驗團隊乃是利用重達 3000 噸的 CDF 大型偵測器，進行實驗的國際合作團隊，日本方面有筑波大學及其他研究團隊參與，為實驗計劃提供了很大的貢獻。

最基本粒子夸克，從 1964 年物理學家提出u、d、s這三個夸克開始，後續在 1974 年發現 c 夸克、1977 年發現 b 夸克、1994 年發現 t 夸克。終如小林・益川所預測，三代六種味的夸克都到齊了。

夸克家族

　　人類對於構成物質的最基本粒子的探尋，從分子與原子出發，接著致力於窮究原子核與核子（質子和中子），最後到達了最基本粒子夸克。

　　質子、中子、超子等重子族與 π 介子、K 介子等介子族，合起來就是龐大的強子大家族。每種強子都是由第一代的 u、d 夸克雙人組、第二代的 c、s 夸克雙人組、第三代的 t、b 夸克雙人組，共六種味的夸克搭配組成（圖 4-17A）。

圖 4-17A 夸克家族

　　夸克家是由三代共 6 人的夸克兄弟姐妹所組成。圖中的＋代表＋1/3 的電荷量，－代表 −1/3 的電荷量。u、c、t 擁有＋2/3 的電荷，d、s、b 擁有－1/3 的電荷

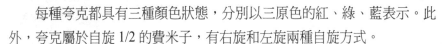

　　每種夸克都具有三種顏色狀態，分別以三原色的紅、綠、藍表示。此外，夸克屬於自旋 1/2 的費米子，有右旋和左旋兩種自旋方式。

　　一代有兩種夸克，總共有三代，所以共有六種味，且各還有三種顏色狀態以及右旋自旋或左旋自旋兩種自旋方式，全部共有 6×3×2 ＝ 36 種狀態（圖 4-17B）。反夸克同樣也有這些狀態。

　　夸克身上披著顏色的外衣（色衣），膠子則負責進行色衣的交換使各夸克結合在一起。膠子擁有要交出去的色衣與所取得的色衣，三種顏色的組合使得膠子共有 8 種。

　　膠子將夸克與反夸克的顏色結合在一起。該種色力屬於強交互作用。在物理學家了解將夸克結合在一起的色力的有效計算方法（註 10）後，始確立量子色動力學，從而建立了整合夸克、膠子、三種顏色的統一標準理論（模型）。南部（註 11）提出了夸克質量由來的解釋。

　　各組夸克是由一個電荷量為＋ 2/3 的夸克和一個電荷量為－ 1/3 的夸克所組成，會因弱交互作用而互相轉變。關於弱交互作用，會和輕子一同於第 5 章進行說明。

圖 4-17B 夸克的狀態（GeV 代表 10 億電子伏特）

代	味、質量 GeV		電荷	右旋自旋	左旋自旋
I	u 上	0.002	$+\frac{2}{3}$	●●●	●●●
	d 下	0.005	$-\frac{1}{3}$	●●●	●●●
II	c 魅	1.3	$+\frac{2}{3}$	●●●	●●●
	s 奇	0.14	$-\frac{1}{3}$	●●●	●●●
III	t 頂	175	$+\frac{2}{3}$	●●●	●●●
	b 底	4.2	$-\frac{1}{3}$	●●●	●●●

什麼是夸克·膠子電漿？

原子核內的各個核子（質子和中子）都是有規則地繞著固有軌道轉。各核子內的夸克和膠子則都被禁錮在核子這袋子裡無法出去。現存的原子核都是井然有序地進行運動的核子之集合。

令兩高能量原子核正面相撞擊時，兩原子核內的各核子會激烈地互相衝撞，產生能量與密度皆高的核。此時的核乃是各核子自固有軌道脫離雜亂四散，在互相撞擊下進行運動的無秩序高溫核。

在這樣高溫且高密度的原子核內，色力會變弱，各核子內的夸克和膠子會突破質子和中子這袋子，開始跑到外面四處移動。這產生了許多的夸克·反夸克對和膠子，結果便創造出有許多夸克、反夸克、膠子激烈運動的高溫電漿狀態。即所謂的夸克·膠子電漿。

要以實驗產生夸克·膠子電漿，需要利用大型加速器將兩團原子核加

圖 4-18A RHIC（相對論性重離子對撞機）

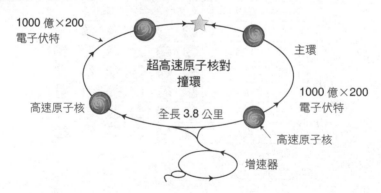

1000 億×200 電子伏特

高速原子核

超高速原子核對撞環

全長 3.8 公里

主環

1000 億×200 電子伏特

高速原子核

增速器

速至高能量後使之正面對撞。歐洲的CERN研究機構與美國的布魯克赫文國家實驗室都進行過這樣的實驗研究（圖4-18A）。

　　兩個機構的實驗都是由國際合作的研究團隊進行。RHIC（屬布魯克赫文國家實驗室）團隊（註12），是將兩個重原子核分別加速至20兆電子伏特後讓兩者正面對撞，分析被放出的各式粒子的種類、能量、方向等（圖4-18B）。

　　一般認為這過程創造出足夠的高溫與高密度狀態，使原子核轉變為夸克‧膠子電漿相。這是一種名為夸克物質的新物質相，異於至目前為止由核子（質子和中子）所組成的原子核相。

　　在宇宙創始後不久的數萬分之一秒左右時，溫度是約數兆度的高溫，這時的熱動能有數億電子伏特。物理學家認為在這樣子的高溫且微小宇宙裡，曾創造出夸克和膠子未被關在強子裡，而是自由地四處移動的夸克‧膠子相。夸克‧膠子的實驗相當於在地球上的實驗室，創造了宇宙初始時的物質相。

圖 4-18B 金原子核對撞所產生的粒子徑跡

（出處：RHIC PHENIX
實驗網站）

註 1：由塞格雷（Emilio Gino Segre）與張伯倫（Owen Chamberlain）所發現，兩人為 1959 年諾貝爾物理學獎得主。

註 2：構成物質的核子和夸克屬於自旋 1/2 的費米子，遵從費米‧狄拉克統計。

註 3：弗里德曼（Jerome Isaac Friedman）、肯德爾（Henry Way Kendall）、泰勒（Richard Edward Taylor），1990 年諾貝爾物理學獎得主。

註 4：在弱交互作用的衰變中，宇稱守恆不成立。詳細內容於第 6 章説明。

註 5：將夸克結合在一起的色力，其能量與距離成正比，每 1 飛米（1 公分的十兆分之一）約十億電子伏特。比令核子脫離原子核所需的能量還大兩位數。

註 6：LEPS 是 Laser Electron Photon at SPring-8 的簡稱。是一利用 Spring-8 的 8GeV 電子與雷射光相撞來獲得數 GeV 雷射電子光的研究計劃。GeV 代表 10 億電子伏特。

註 7：5 夸克態能夠以某特定方法產生，但尚無法確定能否以其他方法產生。現在仍持續進行實驗中。

註 8：丁肇中（Samuel C. C. Ting）與里克特（Burton Richter），1976 年諾貝爾物理學獎得主。

註 9：小林誠（Makoto Kobayashi）與益川敏英（Toshihide Maskawa），2008 年諾貝爾物理學獎得主。三代夸克的混合能夠轉化為複數的混合，CP（電荷與空間）反轉的對稱性不成立。混合矩陣稱為 CKM 矩陣，是取自卡比博（C）、小林（K）、益川（M）三人的名字。

註 10：胡夫特（Gerard't Hooft）、韋爾特曼（Martinus J. G. Veltman），證明電弱理論（第 5-8 節）是可重整化的。後發展成量子色動學。1999 年諾貝爾物理學獎得主。

註 11：南部陽一郎（Yoichiro Nambu），2008 年諾貝爾物理學獎得主。

註 12：RHIC（Relativistic Heavy Ion Collider）相對論性重離子對撞機。使金原子核加速至各核子具有千億電子伏特左右後使之迎面對撞。

第 5 章
微中子的
真面目

~穿過地球，看不見的基本粒子~

本章的主角是在 20 世紀中期經實驗證實其存在的基本粒子新面孔微中子。微中子會向四面八方分散，能直接穿過地球，並在宇宙裡四處飛移。在第 5 章，我們整理了人類對這謎樣的粒子微中子目前所了解的相關知識。

微中子是什麼樣的 粒子？

　　微中子是基本粒子裡的新面孔。進入 20 世紀後始有理論預測其存在，在 20 世紀中期經實驗證實其確實存在。

　　微中子是種不帶電的電子（圖 5-1A）。帶電的電子因為會放出光子所以能被看見。此外，電子會受電磁力作用，因此能夠以靜電力剎車使電子停下來來捕捉電子。相對於這樣的電子，電中性的微中子不論是進行觀測、使之停下、還是捕捉它都非常困難。

　　微中子是物質的最基本粒子之一，而且是只有基本力之一的弱交互作用會作用的粒子。微中子的真面目關係到基本粒子物理的基礎。

　　微中子的質量有多大呢？微中子是一邊做右旋自旋一邊前進的嗎？微中子和反微中子是相同的粒子嗎？還是有其他的反粒子呢？有關這些微中子的基本性問題至今都還是懸而未決。

　　透過微中子的研究，讓 20 世紀的基本粒子物理有了大幅度的進展。事實上，受頒諾貝爾物理學獎的微中子相關研究高達數十件。然而，微中

圖 5-1A 微中子是不帶電的電子

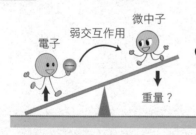

電子

弱交互作用

微中子

重量？

因弱交互作用的作用，
微中子和電子調換

電子和微中子會因弱交
互作用的作用而調換呢

圖 5-1B　微中子從四面八方而來

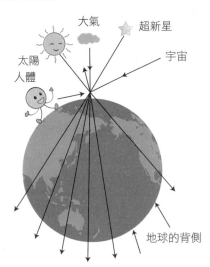

子卻仍然是個充滿謎題的粒子。

　　微中子到處都有，它存在於宇宙空間裡的每個地方，且四處交錯飛行
（圖 5-1B）。無論是人體還是實驗裝置，微中子都能夠直接穿過不留下任
何足跡，因此我們察覺不到微中子。

　　不論日夜，都有大量的微中子從太陽飛來地球，只是晚上時是從地球
的背側而來，而這些微中子會直接穿過地球離去。此外，從超新星和地球
內部也都會有微中子飛出。人類是直到 20 世紀末才首次成功觀測到這些
微中子（註 1：第 5 章的註解在第 188 頁）。

　　物理學家利用微中子的超穿透力，進行太陽、地球、超新星的內部和
宇宙構造的研究。由於微中子會穿過絕大多數的物質，所以要捕捉調查微
中子，需要大規模的實驗裝置。

　　為了揭開微中子的真面目及利用微中子解開宇宙之謎，許多微中子的
研究目前仍經由國際性的研究合作進行中。

微中子是如何被預測存在的？

在放射性原子核放出 β 射線（電子），衰變成別的原子核的 β 衰變中，出現了令人無法理解的事情。

發生 β 衰變時，衰變後的原子核與 β 射線（電子）的質量之和，會比放射線性原子核的質量少，多出來的靜止質量能會轉化為電子的動能。

也就是說，電子的動能，應該是放射性原子核的靜止質量能，減去衰變後的原子核的靜止質量能，與電子的靜止質量能之和後的值才對（圖 5-2）。

然而，實驗結果卻顯示 β 射線（電子）的能量比上述預測值還少，而且每次的量測結果都不同。這一定是因為除了電子之外還有別的粒子帶著能量離開了。若非如此，總能量在 β 轉換之前與之後就會不相等，就和能量守恆的物理定律產生了矛盾。

為了調查是不是有像是 X 射線（光子）之類的粒子和 β 射線（電子）一起脫離出去，物理學家將放射性原子核的試樣，放進鉛製的箱子裡做了實驗。β 射線和 X 射線都會因鉛而失去能量停了下來。

因此，從鉛箱的溫度的上升情形，便能夠得知 β 射線和 X 射線的總能量。然而，溫度的上升值卻比預測值少。這代表著有我們看不到的粒子帶著能量直接穿過厚鉛板離開了。

1930 年代初期，包立認為應該是有什麼電中性的微粒子帶著能量離開，這就是微中子的預測。亦即在 β 衰變時，會放出電子以及微中子。微中子是種電中性且看不見的粒子，而且連厚鉛板都能直接穿過。微中子有時會帶著大量能量離開，有時則帶著少量能量離開，β 射線（電子）的能量會跟著對應變化。

如果微中子具有質量，則微中子帶走的總能量，就等於微中子質量大小的靜止質量能再加上其動能後的和。但依據所量測到的 β 射線的最大能量值，顯示微中子帶走的能量的最小值幾乎等於 0。也就是說微中子的質量幾乎為 0。

包立所預測的微中子是一既不帶電荷也不具質量、也非 X 射線（光子）的一種超乎當時常識的未知新粒子。而微中子的存在，則是到了包立的預測後又經過四分之一世紀的 1950 年代中期才被證實了。

圖 5-2 β 衰變的質量與能量

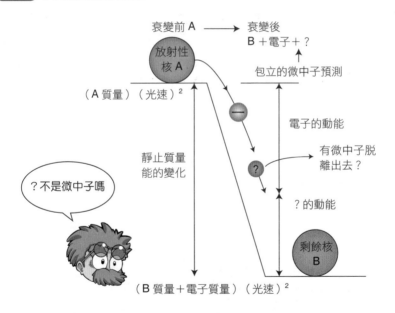

靜止質量能的變化＝電子的動能＋？

5-3 ★ 看得到微中子的影子？

　　就算我們沒辦法實際看到微中子，但還是有可能看到它的影子。就像是透明人的影子。

　　放射性原子核放出β射線衰變成別的原子核時，若β射線是往某一方向飛出，則留下來的原子核會因反作用力而往相反方向移動。而在不只β射線，同時也有微中子同時飛出的情形裡，留下來的原子核還會受到微中子的反作用力的作用，因此原子核會受該作用力的影響而往別的方向移動。由於原子核和β射線都帶電，因此我們可以量測到它們的移動徑跡和動量，而藉由量測結果，我們可以了解微中子產生的反作用力，進而能夠求出微中子的運動程度（動量）和方向。

　　粒子的放出與反作用力的關係，能夠以浮在湖水上的原子核小舟與從小舟飛入湖水的電子和微中子來比喻。一開始，若電子是從靜止狀態的原

圖 5-3A 微中子的影子

電子往原子核前方飛出，微中子往右方飛出。原子核會因兩者的反作用力而往左後方移動。

小舟受反作用力

電子

原子核小舟

微中子

子核小舟往前方飛入湖水，而微中子是往右方飛入湖水，則小舟便會因反作用力而往左後方移動。只要量測小舟往左方移動了多少，就能夠知道微中子產生的反作用力大小，進而知道微中子的動量（圖 5-3A）。

另一方面，我們可以從 β 衰變時的原子核與β射線的自旋，知道微中子的自旋。在中子放出電子與微中子衰變成質子的情形中，中子、電子、質子的自旋的大小在量子世界的單位（註2）下是 1/2。中子是右旋自旋，β衰變後，質子是採左旋自旋，電子是採右旋自旋。質子和電子的自旋，因為一個左旋一個右旋而相互抵消，因此剩下的微中子的自旋會和當初的中子相同，即大小為 1/2 的右旋（圖 5-3B）。

根據微中子影子的量測和自旋，我們知道微中子是具有能量與動量與自旋 1/2 的粒子。微中子會在 β 衰變時和 β 射線（電子）一起被放出，乃是電子的姊妹粒子。雖然微中子不帶電，質量也幾乎為 0，但基本上仍和電子同樣屬於構成物質的費米子。

圖 5-3B 中子發生 β 衰變時各粒子的自旋的方向（微中子的行進方向於第 5-6 節說明）

5 4 ★ 如何將微中子變成電子？

微中子與電子這對姊妹，會因弱交互作用的作用發生變換而互相交換。下面對照下一頁的圖 5-4 說明一些衰變例。

A：放射性原子核周圍的電子進入原子核內遇到了質子，因為弱交互作用的作用，電子的電荷轉移給了質子。電子失去了電荷，變成了微中子。質子的正電荷和從電子那獲得的負電荷相抵消，因此質子變成了中子。失去了負電性的電子，即微中子，會被放出原子核飛走。

B：微中子從外面進入原子核內遇到了中子，因弱交互作用的作用，微中子的正電荷轉移給了中子，中子變成了質子。原本是電中性的微中子在支出正電荷後變成負債，變成帶負電荷的電子並被放出。

C：並非上述 A 般是電子進入放射性核內，而是電子的反粒子正電子離開放射性核。亦即放射性核的質子變成了中子，帶正電荷的正電子與微中子被放出。此種 β 衰變的過程中，以放出正電子取代了上述 A 的過程中電子進入原子核的部分。

D：並非上述 B 般是微中子進入原子核，而是微中子的反粒子反微中子離開原子核。亦即此種 β 轉換是放射性核的中子變成了質子，放出反微中子與電子。

微中子會一邊進行左旋自旋（螺旋運動）一邊進入原子核。反微中子會一邊進行右旋螺旋運動一邊離開原子核。就像螺絲在旋進和旋出時的旋轉方向是相反的一樣。

在 β 衰變和電子‧微中子進出原子核時，微中子與電子這對姊妹是一組，質子和中子這對兄弟是一組，因弱交互作用的作用而在各自的組裡互相交換。看是進入還是離開原子核，電子會變成反粒子正電子，而進行左

螺旋運動的微中子會變成進行右螺旋運動的反微中子。

圖 5-4 各種電子微中子（β）衰變

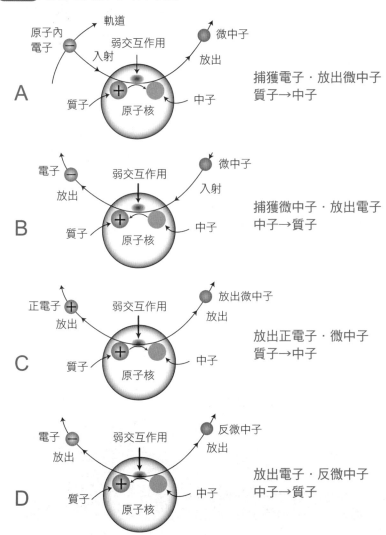

捕獲電子・放出微中子
質子→中子

捕獲微中子・放出電子
中子→質子

放出正電子・微中子
質子→中子

放出電子・反微中子
中子→質子

5-5 微中子是如何被證實存在的？

　　微中子是電中性的，且弱交互作用的作用極為微弱，因此能夠穿過絕大多數的物體。要捕捉微中子需要特別的大規模實驗裝置。

　　捕捉微中子的方法，是利用弱交互作用的作用使微中子變為電子，量測從電子放出的光。但由於弱交互作用的作用非常微弱，使得微中子變成電子的機率也極小。因此，首要的工作就是產生大量的微中子，再架起許多網子來捕捉微中子，這樣就有機會捕捉到微中子。就像是很多人去買樂透一樣，其中總會有人中獎（圖 5-5A）。

　　在包立預測微中子存在後又經過四分之一世紀的 1956 年，萊因斯與柯溫讓產生自核子反應爐的大量微中子，通過大量的水使之變成電子而成功地捕捉到微中子。關於他們使用的方法，說明如下。

　　在核子反應爐裡，核分裂後會產生大量的放射性原子核，放射性原子核發生 β 衰變時會放出大量的反微中子（註 3）。讓該些反微中子通過溶

圖 5-5A 捕捉微中子

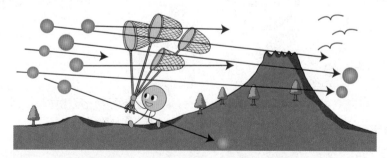

產生大量的微中子，再以許多網子（檢測核）來捕捉它們。
絕大多數的微中子都會直接穿過，但有一些會被捕捉到

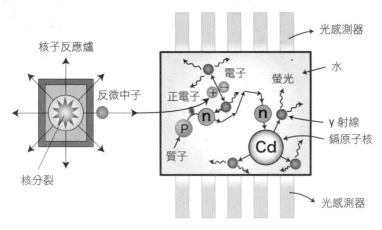

圖 5-5B　萊因斯與柯溫用來捕捉產生自核子反應爐的微中子的裝置

光感測器

核子反應爐

反微中子

電子

正電子

螢光

水

質子

γ 射線

鎘原子核

光感測器

核分裂

核子反應爐裡的核分裂核，產生出的大量反微中子，向四面八方放出

反微中子以極低的機率和質子相遇，產生正電子和中子。正電子和電子相遇，中子和鎘原子核相遇，產生 γ 射線。

解有鎘的水溶液。此時，水中的氫原子核，亦即質子，起了反微中子捕捉網的作用。亦即反微中子與質子相遇，因弱交互作用的作用，質子的正電荷轉移給反微中子，使反微中子變為正電子，而質子變為失去正負電性的中子。

正電子與水中的電子相遇而湮滅，轉化成兩道 γ 射線（光子）。另一方面，中子被水中的鎘所吸收，同時放出 γ 射線。這些產生的 γ 射線會促使電子運動，利用光感測器量測電子運動徑跡發出的螢光，而確認了這過程中有反微中子的產生（圖 5-5B）。

現在物理學家在進行這類型的實驗時，是利用大型加型器來大量產生微中子，再以大規模的檢測器來捕捉微中子。雖然絕大多數的微中子會直接穿過檢測器，但有一些微中子會和檢測器內的電子或原子核相撞，以電子訊號的形式被檢測出來。

5
6 ★

鏡子照不出微中子？

　　我們在照鏡子時，左右方向會相反。因重力（萬有引力）而引起的力學運動、因電磁力而引起的電磁現象、因屬於強交互作用的核力而引起的核反應，這些現象不論是在鏡子前面還是在鏡子裡都會是同樣的。而由被稱為第四力的**弱交互作用**所引起的 β 衰變之類的現象，即便鏡子裡是左右相反的世界，在鏡子裡還是會發生同樣的現象嗎？

　　照鏡子這件事和空間軸的反轉有關係。若將一組 x、y、z 軸擺到與其 y 軸垂直的鏡子前面，我們會看到鏡子裡的 y 軸方向相反了，成了 x、－y、z 軸。若以該 y 軸為軸心轉半圈，就會變成－x、－y、－z 軸，空間反轉了。這種令座標軸反向而將空間反轉的情形稱為**宇稱轉換**（parity transformation）（圖 5-6A）。

　　李政道與**楊振寧**（註 4）針對弱交互作用引起的 β 衰變在宇稱轉換後（投射到鏡子裡）是否會發生同樣的現象，提出了調查的實驗方法，並由**吳健雄**的研究團隊進行了該實驗。

圖 5-6A 宇稱轉換

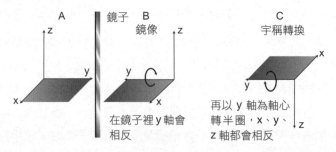

圖 5-6B β 衰變時的自旋方向與電子放出的方向

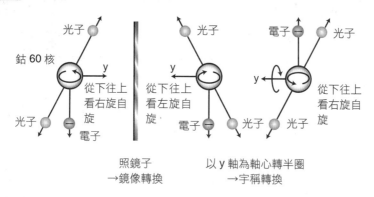

照鏡子
→鏡像轉換

以 y 軸為軸心轉半圈
→宇稱轉換

　　若從下往上看放射性核鈷60核的自旋時都是右旋，並以自旋軸向（右螺絲旋進方向）作為上方向（z 軸的方向）時，則 β 射線（電子）是朝下方射出。這現象映照到與 y 軸垂直的鏡子裡時，右旋自旋會變成左旋自旋，自旋軸向變成朝下。朝下方射出的電子即使在鏡子裡仍是朝下方射出。在此以 y 軸為軸心轉半圈，則自旋軸向和電子射出方向都變成向上。在現實世界裡，電子是朝與自旋軸向相反的方向射出的，並不會往同一方向射出。即一旦映照到鏡子裡等使空間反轉時，原來的現象便不會出現（圖 5-6B）。

　　而當鈷 60 核的自旋從下往上看是左旋（自旋軸向向下）時，電子射線的射出方向會是向上。原子核自旋的左・右與電子射出方向的上・下有連帶關係，一旦映照到鏡子裡使左右相反時，相同的現象便不會出現。一般而言，在弱交互作用所引起的現象中，左與右並不會相同，宇稱並不守恆。

　　利用鈷 60 核針對因電磁力的作用而射出的γ射線（電磁波）進行實驗的結果顯示，γ射線的射出方向和自旋旋轉方向的左・右無關，不論是往上還是往下射出都是和原本一樣。亦即在因電磁力的作用而引起的γ衰變中，是宇稱守恆的。

微中子做左螺旋運動？

在如鈷 60 核般於 β 衰變時射出電子的情形中，中子會變為質子，放出反微中子。如第 5-4 節所說明過的一樣，相對於微中子進入中子時的情形，從中子放出時會是微中子的反粒子的反微中子。

從下往上看，鈷 60 核是右旋（軸向向上）自旋時，射出來的電子和微中子從下往上看都是右旋自旋，自旋軸向（右螺絲的旋進方向）是向上。另一方面，電子的運動方向是向下，反微中子的運動方向是向下。

一般而言，在放出電子的 β 衰變中，電子的自旋軸向和運動方向是相反的，是一邊左旋自旋一邊前進的左螺旋運動。反微中子則是自旋軸向和運動方向相同的右螺旋運動。另一方面，在放出正電子的 β 衰變中，正電子是一邊右旋自旋一邊前進的右螺旋運動，微中子則是一邊左旋自旋一邊前進的左螺旋運動。

在如 β 衰變之類由弱交互作用的作用引起的現象中，電子與微中子之類的粒子，是一邊左旋自旋一邊前進的左螺旋運動。而它們的反粒子正電子與反微中子之類的反粒子，則是一邊右旋自旋一邊前進的右螺旋運動（圖 5-7A）。

圖 5-7A 左螺旋的微中子與電子，右螺旋的反微中子與正電子

圖 5-7B 大阪大學裡的理髮店

> 牆壁上的時鐘的指針是往左繞，鏡子裡的時鐘的指針則是往右繞

因弱交互作用而產生、湮滅的微中子永遠是左螺旋運動，而反微中子則是右螺旋運動。左螺旋運動的微中子與左螺旋運動的電子是一對，會因弱交互作用的作用，而在電子和微中子間相互變換。同樣的，右螺旋運動的反微中子與右螺旋運動的正電子是一對，會因弱交互作用的作用而相互變換。

弱交互作用只會作用於左螺旋運動的微中子與電子對，和右螺旋運動的反微中子與反（正）電子對。這乃是弱交互作用引起的衰變的特徵。

左螺旋運動的微中子映照到鏡子裡時，左與右相反，變成了右螺旋運動的微中子。但並不存在映照在鏡子裡般的右螺旋運動的微中子，一映照到鏡子裡便會消失。

時鐘的指針是往右轉的，這是因為我們習慣了這樣的方向才讓時鐘這樣轉。現在在大阪大學的理髮店裡就有往左轉的時鐘，這麼一來顧客從鏡子裡看時鐘時，就能夠看到指針往右轉（圖 5-7B）。

5 8 ★ 傳遞弱交互作用，屬於重粒子的弱玻色子

　　弱交互作用的傳遞，是由屬於弱交互作用場粒子的弱玻色子負責。玻色子和傳遞電磁力，屬於電磁場粒子的光子相對應。

　　電子與質子之間有弱交互作用在作用時，電子會變為微中子，質子會變為中子，電荷會改變。也就是說，弱玻色子帶正電荷或負電荷，使電荷發生移動（圖 5-8A）。

　　從電子出來的帶負電荷弱玻色子進入質子，電子失去了負電荷而變為微中子，質子獲得了負電荷而變為中子。此外，從質子出來的帶正電荷弱玻色子進入電子，質子失去了正電荷而變為中子，電子吸收了帶正電荷玻色子，使電荷中和而變為微中子。

　　格拉肖、溫伯格、薩拉姆三人（註 5）提出了統一電磁力與弱交互作用的電弱統一理論。這理論認為有兩種類型的力不會造成電荷量的改變，一種是由光子傳遞的電磁力，另一種則是由電中性的弱玻色子傳遞的弱交互作用（圖 5-8B）。而會造成電荷量改變的是帶電荷（±）的弱玻色子傳遞的弱交互作用。

　　關於電中性的弱交互作用，物理學家在 1970 年代初期知道在 μ 介子微中子與電子之間，有不會造成電荷量改變的弱交互作用在作用，這才明白有電中性的弱交互作用的存在。此外，物理學家也確認了在電子與正電子之間，除了有不會造成電荷量改變的電磁力在作用之外，同樣也有不會造成電荷量改變的弱交互作用在作用。

　　傳遞弱交互作用的弱玻色子，是在 1983 年由魯比亞（註 6）等人組成的研究團隊利用 CERN（歐洲核子研究組織）的大型加速器發現的。實測所得的弱玻色子的質量（靜止質量能）約為質子的一百倍。

　　由於弱玻色子的質量非常大（重），因此能夠移動的距離（註 7）也非常短，約為 0.2 公分的千兆分之一，比傳遞核力的介子的移動距離小了三個位數。只有接近到如此的超近距離時，才會和弱玻色子相遇，弱交互作用才會作用（圖 5-8C）。弱交互作用的作用（能量）和弱玻色子的分布範圍（距離的平方）成正比，非常小。

圖 5-8A 帶電荷弱玻色子的功能

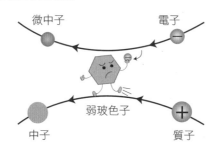

圖 5-8B 電中性弱玻色子的功能

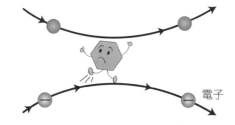

圖 5-8C 弱玻色子很重，只能往上移動約 0.2 公分的千兆分之一

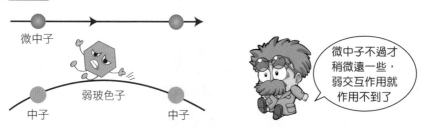

5 9 ★ 第二代和第三代的微中子為？

　　就如同夸克有三代一樣，電子和微中子也有三代。在 β 衰變時出現的電子與電子微中子屬於第一代輕子（質量輕的微粒子）。第二代輕子有μ介子與 μ 介子微中子。μ 介子比電子重上 200 倍。μ 介子有 μ 介子（－）與反μ介子（＋）。

　　μ 原子內的 μ 介子和原子核內的質子相遇時，因弱交互作用的作用，μ介子會失去電荷而變為 μ 介子微中子，質子會獲得負電荷而變為中子。此時，±W 弱玻色子傳遞弱交互作用使電荷移動（圖 5-9A）。

圖 5-9A μ原子的μ介子與μ介子微中子變換

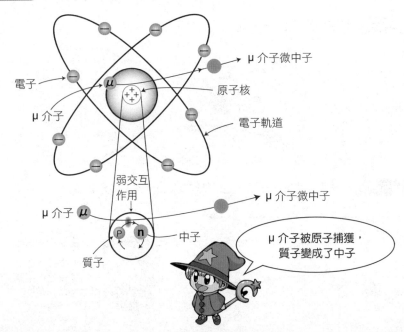

圖 5-9B μ介子微中子變為μ介子，電子沒有改變

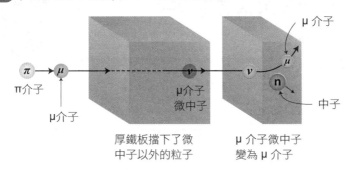

萊德曼等人所使用的微中子實驗裝置

　　μ 介子會因弱交互作用的作用，而衰變成 μ 介子微中子與電子與反電子微中子。這衰變相當於中子衰變成質子，並放出電子與反電子微中子的 β 衰變。

　　萊德曼（註 8）的研究團隊證明了和 μ 介子為一組的 μ 介子微中子不會變為電子，且是不同於電子微中子的微中子（圖 5-9B）。

　　1976 年，佩爾的研究團隊發現了屬於第三代輕子的 τ 子。τ 子的質量約為電子的 3500 倍，非常重。又於 20 世紀末的 1998 年，費米實驗室的國際合作研究團隊，發現了屬於第三代輕子的 τ 子微中子。名古屋大學的核膠片團隊也為這實驗提供了很大的貢獻。

　　電中性的 Z 弱玻色子會因弱交互作用的作用，而衰變成微中子與反微中子對。

　　CERN的實驗室曾量測出Z玻色子的衰變非常快，並從實測結果得知，微中子與反微中子對有三代，共有三種變換方式。此實驗就相當於從水庫的水降得很快，而曉得有三根放水管。

5 10 ★ 輕子組與夸克組的衰變

原子核內的核子（質子與中子）間的β衰變，可視作是原子核內的u夸克與d夸克組間的衰變。

夸克和輕子的每個組都有兩種電荷狀態，例如（u、d）夸克組、（電子、電子微中子）和（μ介子、μ介子微中子）輕子組。

因弱交互作用的作用，左螺旋的粒子組（右螺旋的反粒子組）之間會交換弱玻色子。各組從一種狀態變換到另一種狀態的過程（圖5-10），可以用下面的式子表示。

$$u＋電子→d＋電子微中子 \tag{1}$$

$$u＋μ介子→d＋μ介子微中子 \tag{2}$$

$$μ介子＋電子微中子→μ介子微中子＋電子 \tag{3}$$

在（1）中，將左邊的電子移到右邊時，會放出正電子，式子變成

$$u→d＋電子微中子＋正電子 \tag{4}$$

即質子（u夸克）在β衰變會變為中子（d夸克），並放出正電子和電子微中子。此外，將（3）式中的電子微中子移到右邊時，會放出反微中子，式子變成——

$$μ介子→μ介子微中子＋電子＋反電子微中子 \tag{5}$$

即μ介子會衰變成電子與兩種微中子。

至於介子的衰變情形，在（2）式中，將d夸克移到左邊變為反d夸克，將μ介子移到右邊變為反μ介子。

$$u·反d→μ介子微中子＋反μ介子 \tag{6}$$

這個式子表示，由u夸克與反d夸克對組成的$π^+$介子，因弱交互作用的作用，而變為反μ介子的過程。

奇異粒子會因弱交互作用的作用，而衰變成質子和中子。Λ 粒子（uds）與質子（uud）相遇時，Λ 粒子會衰變成質子，質子會衰變成中子。此時 Λ 粒子內的 s 夸克會變為 u 夸克，質子內的 u 夸克會變為 d 夸克。

這種從第二代的 s 夸克衰變成第一代的 u 夸克，是種超越世代的衰變。會有這樣的衰變發生，是因為 s 夸克裡有約百分之五是第一代夸克的 d 夸克的成分。事實上，s 夸克變換成 u 夸克的機率，比 μ 介子發生衰變的機率少了約百分之五。

圖 5-10 夸克與輕子間因弱交互作用引起的衰變

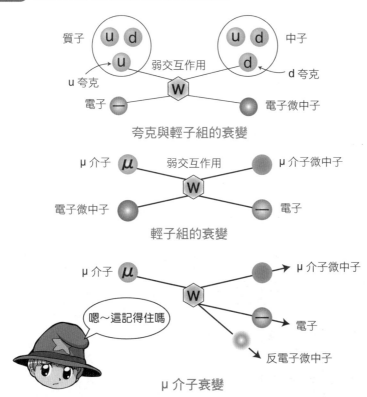

夸克與輕子組的衰變

輕子組的衰變

嗯～這記得住嗎

μ 介子衰變

輕子的三代家族

輕子族就是質量相對較輕的基本粒子族，共有三代，各代都是電荷狀態為 −1 的粒子與不帶電荷的微中子的兩人姊妹。合起來共有六種粒子。

各代姊妹從第一代起分別是電子與電子微中子、μ（−）介子與μ介子微中子、τ（−）子與τ子微中子。且分別還有性質相反的反粒子，亦即正電子與反電子微中子、μ（＋）介子與反μ介子微中子、τ（＋）子與反τ子微中子（圖 5-11）。

因此輕子族是個全部共 12 個人的家族。夸克族同樣也有三代，各代都是兩人兄弟，夸克族由總共六種味的夸克所組成（註 9）。

帶電荷的輕子粒子的質量，會隨著世代的增加而增加。電子的質量（靜止質量能）為 51 萬電子伏特。相對於此，μ介子則是電子的 200 倍的一億電子伏特，τ子更是電子的 3500 倍的 18 億電子伏特，這質約是質子的 2 倍。

另一方面，微中子的質量則是小到無止盡，目前也沒有量測儀器具有能量測那麼小質量的感度。電子微中子的質量比電子的二十萬分之一還小。詳細內容於第 5-18 節說明。

輕子的各代之間會因弱交互作用的作用，而交換 ±W 弱玻色子而在姊妹間衰變，但衰變時並不會超越世代。

μ介子在經過約 2.2 秒的百萬分之一的壽命後，會衰變成μ介子微中子，並放出電子與反電子微中子。

τ子在經過約 3 秒的十兆分之一的壽命後，會衰變成τ子微中子，並放出電子與反電子微中子，或者放出μ介子與反μ介子微中子。

若以基本粒子時鐘（註 10）來計時這些時間值，它們可以說是非常長

壽。

　　在量子世界的單位下，電子、μ介子、τ子，都是自旋（自旋運動的大小）為 1/2 的粒子，和夸克一樣。因此自旋狀態有右旋和左旋兩種狀態。

　　另一方面，微中子則是若將質量視為 0，就只會有行進方向為左旋的自旋（左螺旋）。弱交互作用的作用，會作用於左旋前進的左螺旋運動的帶電荷輕子粒子，與左螺旋運動的微中子。

圖 5-11　輕子家族

輕子家是由三代共六人的輕子姊妹所組成的。電子、μ介子、τ子帶有 −1 的電荷，而電子微中子、μ介子微中子、τ子微中子則不帶電荷

如何製造微中子？

由於微中子會穿過絕大多數的實驗裝置（檢測器），所以進行微中子的基礎‧應用研究時，必須要先產生大量的微中子，再利用大型的檢測裝置進行量測。

由核子反應爐內鈾的核分裂所產生的巨量放射性核，會放出大量的微中子。這些放射性核具有過多的中子，而在核內的中子發生 β 衰變成質子時會，放出電子與反電子微中子（圖 5-12A、B）。

世界各國都非常盛行利用來自核子反應爐的大量反微中子，與大型檢測器來進行微中子基本性質的研究（圖 5-12B）。日本也有一個 Kam-LAND（神岡液態閃爍體反微中子偵測器）團隊，正在進行來自核子反應爐的反微中子的研究。詳細內容於第 5-14 節說明。

令以高能量質子加速器加速的高強度質子撞擊原子核時，會產生大量的 π 介子。π 介子會因弱交互作用的作用，而衰變成 μ 介子，μ 介子同樣會因弱交互作用的作用，而衰變成電子和正電子。此時會放出大量的 μ 介子微中子、反 μ 介子微中子、電子微中子、反電子微中子（圖 5-12C，註11）。

歐美的主要高能實驗室，利用其質子加速器產生的微中子和反微中子，使用於微中子的基本性質研究。日本也曾利用位於岐阜縣神岡的超級神岡探測器（Super-Kamiokande），捕捉來自位於茨城縣筑波的 KEK（高能加速器研究機構）的微中子而確認了微中子振盪（neutrino oscillation）。

日本目前有一進行中的實驗計畫，是利用神岡核子衰變實驗探測器，檢測來自位於日本茨城縣東海村的 J-PARC（高強度質子加速器設施）的微中子，以調查微中子與反微中子的性質。

圖 5-12A 放射性核的 β 衰變產生微中子

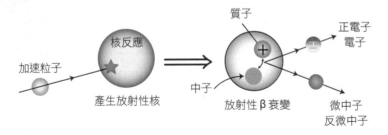

圖 5-12B 原子核分裂→放射性核的 β 衰變產生微中子

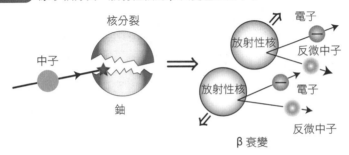

圖 5-12C 核反應 π 介子的衰換產生微中子

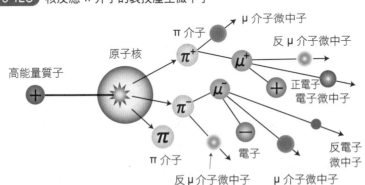

來自太陽的微中子風暴？

太陽會有巨量太陽能化為太陽光放出，其中有一部分會照射到地球。換成能量來計算，每一平方公尺有 1.4 千瓦的能量。

在太陽高溫的內部，氫核和氘核等粒子會透過各種核反應和核衰變而燃燒，放出各種電子、微中子、γ 射線。原子核燃燒所產生的電子和 γ 射線的能量，在經過約十萬年後會變成太陽光放射出來（圖 5-13）。

來自太陽的微中子，大部分是 20～30 萬電子伏特的低能量微中子，穿過太陽向宇宙四方放出，其中一部分會到達地球。該數量非常龐大，每一平方公尺在一秒鐘裡會有 500 兆個微中子落下。換算成能量的話，每一平方公尺會有 30 瓦左右。但這些微中子絕大多數都直接穿過地球，因此並不會提供我們能量和熱。

戴維斯（註 12）等人組成的團隊從 1970 年起進行了一連串的實驗，成功地測量到來自太陽的微中子。他們在地底下放置了一個大槽裝滿 600 噸左右的四氯乙烯，以氯 37 核捕捉來自太陽的一部分微中子。微中子會撞擊氯原子核，因弱交互作用的作用而衰變成電子，氯原子核內的中子會衰變成質子。氯原子核會多一個質子而變為氬 37 放射性核。收集氬氣並量測其放射性衰變時的 X 射線，從而確認了氯的確因太陽微中子而衰變成了氬。

日本神岡的研究團隊，曾在神岡地底下設置大型水槽進行太陽微中子的實際測量，測量到微中子和水中的電子相遇、因弱交互作用的作用而大部分衰變成電子。

在義大利的格蘭沙索（Gran Sasso）地下實驗室，曾成功測量到太陽內部氫核燃燒時的低能量微中子。微中子的撞擊會使鎵 71 核變為鍺 71

核。該實驗收集鍺並量測繞轉鍺 71 核的電子被吸收時所放出的 X 射線，從而確認了微中子。

這些一系列實驗所測量到的太陽微中子的量，只有我們從照射到地面上的太陽光能量的量，及太陽內部原子核反應・衰變所推測出來的量的一半左右（註 13）。這就是所謂的「消失微中子問題」。詳細內容於第 5-17 節說明。

圖 5-13 太陽微中子的產生與偵測

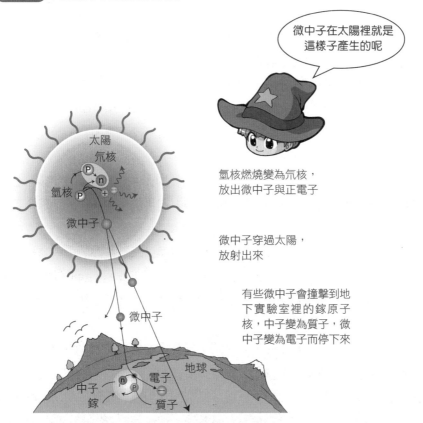

微中子在太陽裡就是這樣子產生的呢

氫核燃燒變為氖核，放出微中子與正電子

微中子穿過太陽，放射出來

有些微中子會撞擊到地下實驗室裡的鎵原子核，中子變為質子，微中子變為電子而停下來

微中子會來自地球內部嗎？

5
14 ★

微中子會在太陽、大氣、超新星、宇宙等各式各樣的地方裡產生，飛來到地球後，又穿過地球而去。事實上地球內部也有微中子產生，往地球外飛去。這是 1960 年代伽莫夫所提出的想法。

天然存在的釷系、鈾系的原子核和鉀 40 核，都是具有 200～20 億年長壽命的放射性核，自地球誕生以來到今日仍持續在放出放射線（圖 5-14）。

地球內部不停地在產生 30～40 兆瓦的能源，其主要的源頭之一就是長壽命放射性核的放射線能量，這算是一種核能。

這些放射核有百萬分之一至一億分之一左右，存在於地殼、海洋、地幔等之中，會因 α 衰變和 β 衰變而放出各種放射線。其中的 α 射線、β 射線、γ 射線，會因為與周圍物體間的電場作用而停下來，它們的能量就轉化成為熱使周圍的溫度提高。

另一方面，β 衰變所放出的微中子會穿透地球射出地面並往宇宙飛去。只要能夠捕捉到它們，就能夠了解地球內部發生的現象。例如地球內部的放射性核的衰變，以及放射線產生的熱等等。

地球內部的天然放射性核的 β 衰變，主要是原子核內的中子衰變成質子、放電子與反微中子。日本東北大學等單位所組成的KamLAND國際研究團隊，曾在神岡地底首次成功測量到來自地球內部的反微中子，開啟了關於地球內部的研究。

該實驗使用 1 千噸的液體螢光體。反微中子與液體螢光體裡面的質子（氫核）相遇，因弱交互作用的作用，反微中子會變為正電子，質子會變為中子。中子與質子合體變為氘核，並放出 γ 射線。正電子與 γ 射線會經

由螢光體檢測出來（圖 5-14 的上圖）。

　　KamLAND 的檢測器，曾用於測量從位在神岡外圍的 200 公里左右距離遠的核子反應爐放射出的反微中子，首次證明了反微中子會因振盪而減少約 60%。

圖 5-14 捕捉來自地球的微中子

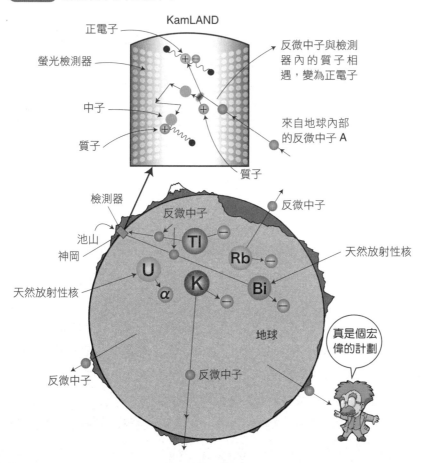

5
15 ⭐ 捕捉來自超新星的微中子

　　超新星是某些星體最後的明亮亮光。星體內部有原子核在燃燒。一開始是氫核（質子）因核融合反應而燃燒，變為氦核。

　　融合反應依序會形成碳核、氧核，到形成鐵原子核時反應便會停止，不久後中心部的鐵會因光致蛻變而發生引力塌縮。在引力塌縮的反作用下產生衝擊波造成大爆發。這大爆發就是超新星（II 型），即大質量星體毀滅時發出的明亮亮光。

　　超新星的能量高達千兆焦耳的千兆倍再千兆倍。爆發產生的超高溫部所產生的各代微中子與反微中子，一開始會不斷與周圍的粒子發生撞擊，但不久之後它們就會穿過超新星被放出來。

　　超新星的絕大部分能量會被微中子帶走。微中子和反微中子的能量約千萬電子伏特，反映出超高溫部千億度左右的溫度。

　　1987 年 2 月，小柴研究團隊與美國的研究團隊（註 1），成功觀測到來自在大麥哲倫星雲中爆發的超新星 SN1987A 的微中子與反微中子（圖5-15）。

　　小柴研究團隊所使用的實驗裝置，是設置於神岡地底下且具有三千噸水槽的神岡核子衰變實驗探測器。微中子會撞擊水的電子、氫核（質子）、氧核，因弱交互作用的作用，而飛出的電子在水中移動時會發出的契忍可夫幅射（Cerenkov radiation；註 14），小柴團隊對該契忍可夫幅射進行量測。這次的觀測是針對來自天體的微中子的能量和方向的進行測量的首次觀測，開創了微中子天文學。

　　超級神岡探測器則是大型的微中子檢測器，能夠以高精度測量超新星微中子來進行超新星研究。

圖 5-15　超新星 SN187A 爆發

1987 年 2 月 23 日，大麥哲倫星雲中爆發的超新星 SN1987A。左上的照片是爆發前（出處：英澳天文台）

量測來自超新星的微中子，就能了解星體的爆發

放出各種微中子

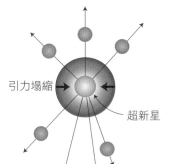

引力塌縮

超新星

神岡核子衰變實驗探測器

反電子微中子與水中的質子相遇，變為正電子

以周圍的光感測器，檢測正電子放出的契忍可夫幅射

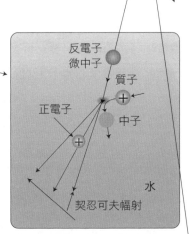

反電子微中子

質子

正電子

中子

水

契忍可夫幅射

5 16 ★ 大氣微中子的 世代變換

來自宇宙的原始宇宙射線以高能量質子為主，其在和地球周圍大氣中的氮核與氧核撞擊後，放出一些 π^+ 介子和 π^- 介子。

π^+ 介子會因弱交互作用的作用，而衰變成 μ^+ 與 μ 介子微中子。μ^+ 會衰變成反 μ 介子微中子與正電子與電子微中子。也就是說會在大氣產生 μ 介子微中子、反 μ 介子微中子、電子微中子三種微中子。

同樣地，從 π^- 介子會產生反 μ 介子微中子、μ 介子微中子、反電子微中子三種微中子。都有兩個第二代的 μ 介子或反 μ 介子微中子，以及一個第一代的電子或反電子微中子。這些 μ 介子微中子的能量為十億電子伏特左右。

超級神岡探測器的研究團隊，曾以五萬噸的大型水契忍可夫幅射檢測器測量上述該些在大氣產生的微中子。μ 介子微中子與反 μ 介子微中子，會與水的原子核內的中子和質子相遇，因弱交互作用的作用而衰變成 μ^- 和 μ^+。

同樣地，電子微中子與反電子微中子，則會衰變成電子與正電子。帶電的粒子通過水中會朝特定方向發出契忍可夫幅射，利用光電倍增管將之轉換成電子訊號，藉此量測原來的微中子的方向與能量。

實測的結果顯示，微中子從神岡核子衰變實驗探測器上方而來時，會如所預測的一樣。

第二代的 μ 介子微中子約為第一代的電子微中子的兩倍，但微中子是從地球的背側穿過地球而來時，第二代的 μ 介子微中子卻比預測值少了一半（圖 5-16）。

經由超級神岡探測器的實驗，我們得知第二代微中子約有一半會在通過地球時變為第三代微中子。這項實驗研究證實微中子的世代會變換，讓

我們明白微中子具有質量且各代微中子互相混合在一起，開創了新的微中子物理。

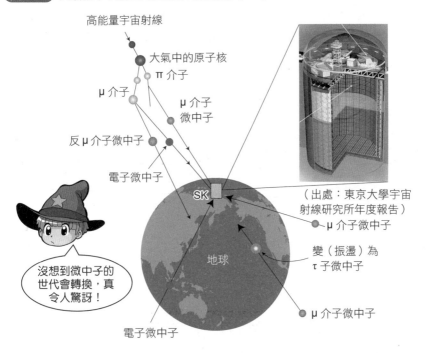

圖 5-16 大氣微中子振盪與超級神岡探測器（SK）

高能量宇宙射線

大氣中的原子核

π 介子

μ 介子

μ 介子微中子

反 μ 介子微中子

電子微中子

SK

地球

（出處：東京大學宇宙射線研究所年度報告）

μ 介子微中子

變（振盪）為 τ 子微中子

μ 介子微中子

電子微中子

沒想到微中子的世代會轉換，真令人驚訝！

5 17 ★ 消失的微中子之謎

戴維斯等人所進行的太陽微中子觀測，帶出了消失（減少）的太陽微中子的問題，引起了廣泛的討論。格蘭沙索地下實驗室與超級神岡探測器（SK）的太陽微中子觀測結果，也顯示微中子數目確實有減少（第 5-13 節）。

在太陽產生的微中子，是第一代的電子和正電子所參與的 β 衰變的伴隨產物，即第一代的電子微中子。此外，目前為止的一連串太陽微中子觀測，是以使微中子主要變為第一代的電子的方式進行測量，是第一代的電子微中子的觀測。

另一方面，超級神岡探測器團隊的大氣微中子觀測，則是證明了第二代的 μ 介子微中子的減少，是因為其在通過地球內部時轉換成為了第三代。微中子能夠從某一代轉換成另一代，也能回到原來那一代。我們將微中子這樣子的轉換稱為微中子振盪。這是 1962 年由牧二郎、中川昌美、坂田昌一所提出的。

SNO（薩德伯里微中子觀測站）團隊在加拿大的薩德伯里（Sudbury）地底觀測站，使用了 1 千噸的重水來測量來自太陽的所有世代的微中子。所謂的重水是指水分子由一個氧原子與兩個氘原子組成的水，氘的原子核是氘核，由質子和中子組成。來自太陽的第一代的電子微中子會將水中的電子撞開，和氘核內的中子相遇，電子微中子會變為電子，中子會變為質子。量測該電子就能得知第一代微中子的數量（圖 5-17）。

另一方面，第一代微中子和因振盪而轉換後的第二代的微中子，都會與氘核內的質子和中子相遇，交換電中性的 Z 玻色子而變為同為第一代或第二代微中子。此時，質子和中子會四散飛出。量測這些中子被氘核與氯

核吸收時放出的 γ 射線，求出中子的數量，便能得知第一代和第二代微中子的全部數量。

　　實測的結果顯示，第一代微中子雖然只有預測值的一半左右，但第一代和第二代微中子的總數量則和預測值一致。也就是代表第一代少掉的那部分轉換（振盪）成為第二代了。

圖 5-17 太陽微中子振盪與 SNO 檢測器

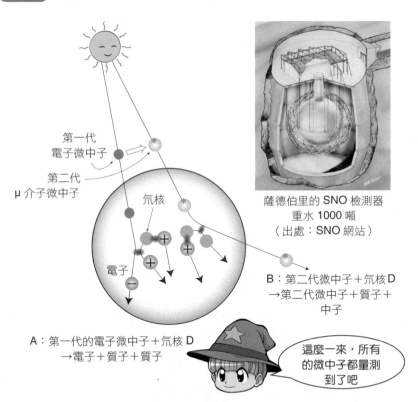

第一代
電子微中子

第二代
μ 介子微中子

氘核

電子

薩德伯里的 SNO 檢測器
重水 1000 噸
（出處：SNO 網站）

B：第二代微中子＋氘核 D
　→第二代微中子＋質子＋
　　中子

A：第一代的電子微中子＋氘核 D
　→電子＋質子＋質子

這麼一來，所有的微中子都量測到了吧

微中子的質量為？

物理學家曾根據弱交互作用與電磁力的統一理論，以及至目前為止的實驗數據，建立出一個微中子與弱交互作用的標準模型。依據該標準模型，微中子有三代，各代皆不具質量，且是進行一邊左旋一邊前進的左螺旋運動的粒子。反微中子則是做右螺旋運動。

但微中子振盪的實驗結果卻表明微中子是具有質量的，因而需要一個超越舊有標準模型的微中子新形貌。三代的微中子能表示成是三種具固有質量的微中子的組合。

雖然我們能夠從各代間的微中子轉換（振盪）而了解三種微中子的質量差及混合情形，但質量本身的值仍是未知的。

俄羅斯與德國的研究團隊曾利用氚的 β 衰變，進行微中子質量的高感度量測。

氚核內的中子放出電子與反電子微中子而變為質子，氚核變為氦 3 核（圖 5-18A）。衰變後的電子與氦 3 核的質量之和，比衰變前的氚核的質

圖 5-18A 氚的 β 衰變與微中子的質量

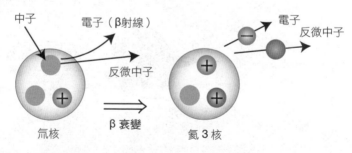

氚（內的中子）→氦 3（內的質子）＋電子＋反微中子

圖 5-18B　KATRIN 電子能量分光器

以長 23 公尺、直徑 10 公尺的大型電子能量分光器，進行
電子能量最大值的精密量測，探索微中子微小的質量

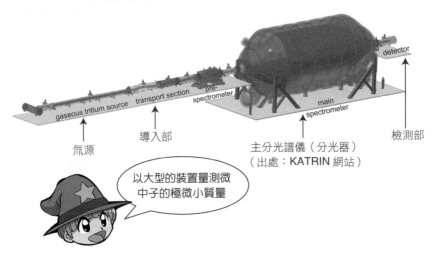

gaseous tritium source　transport section　pre-spectrometer　main spectrometer　detector

氚源　　導入部　　　　　　　主分光譜儀（分光器）　　檢測部
　　　　　　　　　　　　　（出處：KATRIN 網站）

以大型的裝置量測微
中子的極微小質量

量還小（輕）。該減少的質量部分的靜止質量能，會變成電子的動能與反
微中子的動能與反微中子的靜止質量能。

　　電子的動能在反微中子的動能為 0 時會是最大值，此時該值等於以氚
核質量少掉的部分的靜止質量能，減去反微中子的靜止質量能後的值。實
測所得的值和氚核質量少掉的部分一致。也就是說，微中子的質量是電子
的百萬分之五以下，這值是實驗裝置的感度所量測不出來的。

　　現在在德國的卡爾斯魯厄（Karlsruhe）實驗室正在進行 KARTIN 計
劃，量測來自從氚核的 β 射線（圖 5-18B）。其所使用的裝置的感度是至
今為止的裝置的 10 倍，目標在於量測得微中子的質量。

5 19 ★ 雙重 β 核分光與 微中子

雙重 β 衰變是一種在原子核內，同時發生兩次（亦即雙重）β 衰變的特殊 β 衰變（圖 5-19A）。

原子核 A 不會發生衰變成圖中間的原子核 B 的 β 衰變，因為原子核 B 的質量大，但它有可能發生衰變成圖右邊的原子核 C 的雙重 β 衰變，因為原子核 C 的質量小（圖 5-19A）。

雙重 β 衰變只會發生在同時有雙重的弱交互作用在作用的情形下，因此雙重 β 衰變的發生機率極小，約是 1 兆年的一億倍的歲月裡發生一次的機率。一般的 β 衰變會放出電子與反微中子。同理，一般的雙重 β 衰變會放出兩個電子與兩個反微中子。

有種雙重 β 衰變具有不會放出微中子的特殊過程，亦即不放出微中子的雙重 β 衰變，倍受物理學家的注目（圖 5-19B）。在該種雙重 β 衰變中，從原子核內的一個中子 N 伴隨電子放出的反微中子進入了另一個中子

圖 5-19A 雙重 β 衰變

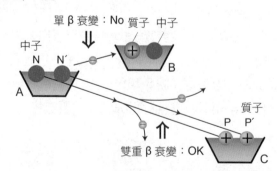

圖 5-19B 不放出微中子的雙重 β 衰變

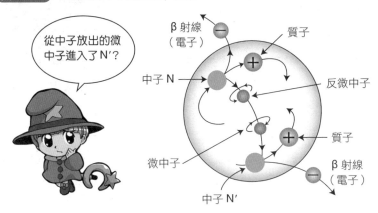

N′，放出電子。但進入原子核 N′ 的是微中子。從 N 放出的反微中子要成為進入N′的反微中子，就只能是微中子和反微中子是相同的粒子才行。我們將這樣的粒子稱為馬約拉納（Majorana）粒子。

微中子做的是左螺旋運動。從中子N放出的反微中子是右螺旋運動，進入中子N′的微中子則是左螺旋運動。若螺絲如果往右轉時是退出，則要旋進去時就要往左轉。從 N 放出的右螺旋運動的反微中子要進入 N′，則N′的弱交互作用不僅需要接受左螺旋運動的微中子，有時還需有接受右螺旋運動的微中子。

若微中子具有質量，則微中子的速度就會比光速慢。只要以接近光速的汽車追趕右旋前進的反微中子，反微中子就會一邊右旋一邊靠近車子。也就是說，變成了左螺旋運動，而能夠進入 N′。

不放出微中子的雙重 β 衰變，乃是驗證微中子與反微中子的同一性（馬約拉納粒子）、右螺旋型弱交互作用的存在、微中子的質量等微中子新形貌與新型弱交互作用最有效方法。

挑戰微中子的真面目

目前世界上有一些實驗團隊，正利用各自獨特的雙重 β 檢測‧分光器積極地投入雙重 β 衰變的實驗。

大阪大學的江尻團隊開發了一系列的 ELEGANT 雙重 β 粒子分光器，在神岡地底下及奈良縣的大塔地底下（圖 5-20A）進行了實驗。雙重 β 衰變的訊號非常微弱，要檢測該訊號必須避開宇宙射線等的雜訊，為此選在地底深處進行觀測。

ELEGANT5 號器是在 1990 年代非常出名的世界最高感度分光器（圖 5-20B）。其使用檢測分光器系統量測雙重 β（電子）射線的徑跡、能量、時間、γ 射線等，再以電腦分析數據辨識出真正的訊號。世界首次成功測

圖 5-20A 大塔宇宙觀測站與 ELEGANT 檢測器（江尻研究室）

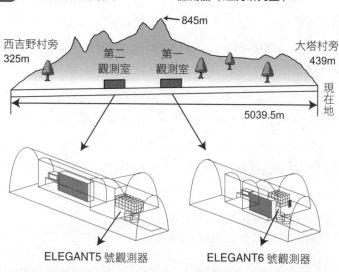

量到鉬和鎘的一般雙重 β 衰變的就是 ELEGANT5 號器。所測量到的衰變機率為一兆年的一千萬倍的歲月裡發生一次，實在是非常難發生的現象。另一方面，不放出微中子的雙 β 衰變，則是一次都沒有發生過，從這個結果當中可知微中子的質量為 2 電子伏特以下（電子的百萬分之四以下）。

目前有一個超高感度實驗計劃正在進行中，所利用的檢測器是將 E-LEGANT5 號器升級後的多層螢光體檢測器 MOON，將針對 0.5 噸左右的雙種 β 核進行測量。檢測器的感度為 0.03 電子伏特（電子的一億分之六），目標是檢測出微中子的質量。

其他的高感度雙重 β 量測計劃，如義大利所主導的團隊是使用低溫熱檢測器，德國和美國主導的團隊則是使用鍺 76 檢測器。

不放出微中子的雙重 β 衰變的發生機率，取決於原子核內中子衰變成質子的機率。江尻團隊成功利用核反應求出了中子－質子的衰變機率。目前在大阪大學核物理研究中心有國際合作研究正在進行中。

雙重 β 衰變將能夠讓我們弄清楚微中子的馬約拉納粒子性及質量等基本性質，使微中子的真面目現得以示人。

圖 5-20B ELEGANT5 號分光器

右邊的是電子射線分光檢測器，左邊的是電子倍增部

註 1：由小柴等人組成的神岡團隊，於 1987 年首次成功捕獲來自超新星的微中子。小柴昌俊（Masatoshi Koshiba）是 2002 年諾貝爾物理學獎得主。

註 2：自旋的單位為普朗克常數／（2π）

註 3：主要是反微中子。核分裂產生的主要放射性核，具有過多的中子，β衰變使中子變為質子，並放出電子與反微中子。

註 4：李政道（Tsung Dao Lee）與楊振寧（Chen Ning Yang），1957 年諾貝爾物理學獎得主。

註 5：溫伯格（Steven Weinberg）、格拉肖（Sheldon Lee Glashow）、薩拉姆（Abdus Salam），1979 年諾貝爾物理學獎得主。

註 6：魯比亞（Carlo Rubbia）、范德梅爾（Simon van der Meer），1984 年諾貝爾物理學獎得主。

註 7：約為康普頓波長／2π。和質量成反比。

註 8：萊德曼（Leon Max Lederman），1988 年諾貝爾物理學獎得主。

註 9：在夸克當中，各夸克有紅、綠、藍三種夸克。

註 10：基本粒子時鐘轉一刻度的時間，約是以光速移動質子大小（1公分的十兆分之一）之距離所花的時間，約是數秒的一兆分之一再一兆分之一。請參照第 112 頁。

註 11：π$^+$ 衰變成 μ$^+$ 與 μ 介子微中子，μ$^+$ 衰變成反 μ 介子微中子與正電子與電子微中子。而 π$^-$ 衰變成 μ$^-$ 與反 μ 介子微中子，μ$^-$ 衰變成 μ 介子微中子與電子與反電子微中子。

註 12：戴維斯（Raymond Davis, Jr.），2002 年諾貝爾物理學獎得主。

註 13：減少的情形會依微中子的能量而有不同。

註 14：契忍可夫（Pavel Alekseyevich Cherenkov），1958 年諾貝爾物理學獎得主。

註 1：彭齊亞斯（Arno Allan Penzias）、威爾遜（Robert Woodrow Wilson），1978 年諾貝爾物理獎得主。

註 2：朝永振一郎（Tomonaga Shin'ichiro）、施溫格（Julian Schwinger）、費曼（Richard Phillips Feynman），1965 年諾貝爾物理獎得主。

註 3：自發對稱性破缺，零質量的南部玻色子，希格斯玻色子與規範玻色子相互作用而產生質量。這稱為希格斯機制。

註 4：宇宙創始後 10^{-36} 秒（1 秒的一兆分之一再一兆分之一再一兆分之一）

註 5：（審訂註）2012 年 7 月 4 日，CENR 宣布探測到質量為 125.3 ± 0.6 GeV 以及 126.5 GeV 的新粒子。這兩個粒子極像希格斯粒子，但仍有待進一步分析是否確為希格斯粒子。

第 6 章
宇宙的誕生與
基本粒子・原子核的形成

~原子核與基本粒子是如何形成的~

在進行總結的第 6 章裡,我們把目光轉向宇宙,
說明宇宙與物質的創造、充滿在宇宙裡的未知暗
物質的真面目、基本力的統一等宇宙與物理的根
本性問題。希望讀者能夠因此了解到基本粒子對
於解開宇宙之謎有著舉足輕重的重要性。

6 1 ★ 漂流在宇宙中的微中子和光子

　　宇宙中有許多閃閃發光的星體。像太陽般閃亮的恆星主要組成元素是氫。在這些恆星的中央，氫核（即質子）一直在燃燒。隨著燃燒的進行，氦與碳等輕原子核會逐漸增加。

　　在像地球這種沒有在燃燒的行星，上面存在有各種由原子・分子組成的物質。而木星則主要是由氫所組成的。

　　宇宙有廣大的空間，星體存在於其中就像是滄海之一粟。如果我們將整個宇宙的空間拿來平均計算，則每一立方公尺，氫約有 0.1 個、氦約有 0.01 個。空氣中的分子則是每一立方公尺約有 30 兆個的 1 兆倍。兩相比較之下，宇宙空間幾乎是空無一物。

圖 6-1A 宇宙中有各式各樣的物

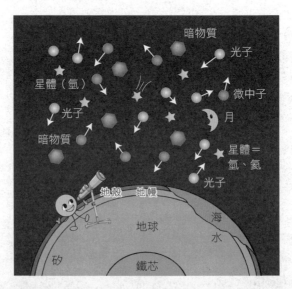

圖 6-1B　宇宙中充滿微中子與光子

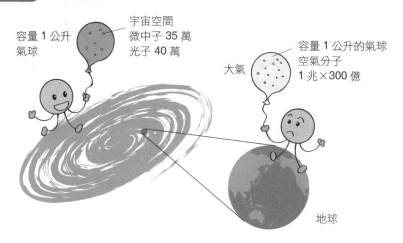

容量 1 公升氣球

宇宙空間
微中子 35 萬
光子 40 萬

容量 1 公升的氣球
空氣分子
1 兆×300 億

大氣

地球

　　星體之類的物質中，所存在的氫核和其他原子核的總靜止質量能，每 1cc 大致上有 100 電子伏特。

　　宇宙空間中存在許多光子（圖 6-1A）。在宇宙創始大霹靂約 40 萬年後，宇宙充滿了四散的光子。光子隨著宇宙膨脹而四處擴散，這些光子至今仍殘存著。這是在 1960 年代由彭齊亞斯與威爾遜（註 1：第 6 章的註解在第 188 頁）發現的。光子的能量很小，為 0.001 電子伏特左右，是波長約 1 公釐的電磁波，因此看不見。每 1 立方公尺約存在有 4 億個這樣子的光子。

　　在宇宙空間裡，看不見的微中子的數量也和光子差不多，每 1 立方公尺約有 3.3 億個（圖 6-1B）。

　　光子和微中子佔整個宇宙空間質量的比率只有一點點。因為光子不具質量，輻射壓也不大，因此能夠忽略。而微中子的質量則極小。

　　最近的宇宙相關觀測結果顯示，宇宙中還有許多人類尚未觀測到的未知物質。大部分都是移動緩慢、看不見的粒子，亦即暗物質（dark matter）。

6 2 ★ 宇宙中看不見的 未知物質是？

　　依據最近的宇宙觀測結果，宇宙中存在的質量與能量的實體已經被找到了。宇宙的能量有三分之一是一些質量的靜止質量能，其他的三分之二則是暗能量（dark energy）（圖 6-2A）。

　　宇宙中存在的質量之中，像是發光的星體般由氫核與其他原子核組成的物質不過只佔一成，其他的九成都是看不見的暗物質。

　　銀河系的旋渦狀星際物質的繞轉運動，是在將物質往銀河中心拉引的萬有引力，與使物質遠離中心的離心力，兩者的平衡下進行的。

　　離銀河中心愈遠，引力就會變得愈弱，因此繞轉速度應當也會變慢。太陽系中，離太陽愈遠的行星，公轉速度愈慢，這是公知的克卜勒第三定律。

　　然而，實際觀測從星際物質的氫核而來的電磁波調查繞轉速度後，就算是距離變遠了，速度卻仍維持不變。這代表銀河周邊的空間裡有看不見的物質存在，產生引力拉引星際物質。（圖 6-2B）。

圖 6-2A 宇宙的成分

宇宙主要由暗能量與暗物質組成。看得見（發光）的物質很少。

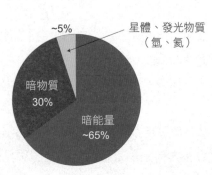

~5%
星體、發光物質
（氫、氦）
暗物質
30%
暗能量
~65%

暗物質分布得很遠

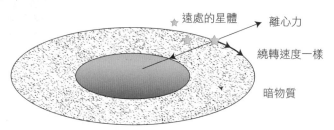

遠處星體的繞轉速度並未改變，這是因為暗物
質分布得很遠，產生引力的作用

　　也就是說銀河系裡除了會發光的星體之外，還有許多看不見（暗）的
物質分布得很遠。

　　在宇宙空間裡漂流的微中子並不帶電，所以不會發光，是種看不見的
物質。我們把像微中子這種質量小，以幾乎光速四處飛移的粒子稱為熱暗
物質（hot dark matter）。但微中子的質量極小，並不是宇宙暗物質的主成
分。依據宇宙構造和宇宙電磁波觀測，熱暗物質不過只是暗物質的一部分
而已。

　　宇宙裡有棕矮星、白矮星、中子星等等，以及其他不發光的星體、物
體、黑洞等。遙遠的星體的光線在通過上述星體或物體時，會受到質量的
影響而彎曲。從光的彎曲情形來看，該些看不見的物體也不多，並不是主
要的暗物質。

　　物理學家認為從目前的各種宇宙觀測結果來看，暗物質主要是緩慢移
動、大質量的未知粒子，即冷暗物質（cold dark matter）。是一種存在於
宇宙，和其他物質撞擊不會湮滅，且像微中子般只參與弱交互作用作用的
電中性粒子。我們稱之為 WIMP（Weakly Interacting Massive Particle；弱
交互作用重粒子）。現在世界各國都在進行 WIMP 的探索。

宇宙中的暗物質

　　為了揭開宇宙物質的主要成分——暗物質的正面目，世界各國的研究團隊正積極投入未知的基本粒子 WIMP（弱交互作用重粒子）的研究。WIMP 的最有力候選人就是渺中子（neutralino）這新型粒子。

　　目前的標準模型（理論）中，基本粒子有構成物質的費米子－夸克與輕子（電子、微中子），以及傳遞力的玻色子－光子、膠子、弱玻色子。

　　超對稱性理論認為有對應於各費米子的玻色子，及對應於各玻色子的

圖 6-3A 超對稱性粒子

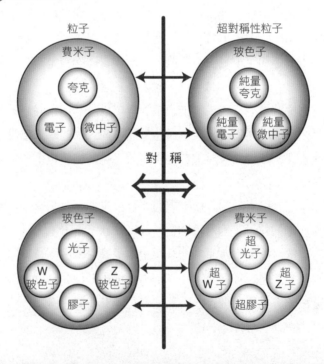

圖 6-3B　暗物質‧WIMP 與原子核撞擊

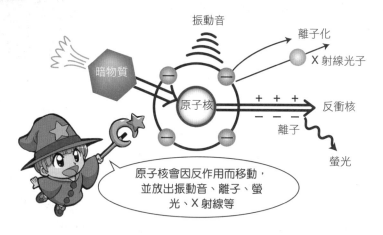

費米子，也就是認為費米子與玻色子是成組對稱的（圖6-3A）。

　　而被認為可能是WIMP的，是與傳遞力的玻色子對應的費米子。其中最為穩定（質量最小）的粒子，是渺中子的這個超對稱性粒子，它有可能以暗物質的形態存在於宇宙中。

　　渺中子就像微中子一樣能穿過絕大多數的物質，因此要捕捉它非常困難。渺中子和原子核差不多重，因此和原子核撞擊時，原子核會因為反作用而移動（圖6-3B）。量測這過程檢測出渺中子並量測其質量。

　　WIMP的速度很慢，光速的千分之一左右。因WIMP撞擊的反作用而移動的原子核的訊號很微小，約數萬電子伏特左右。此外，WIMP與原子核的撞擊機率也極小。

　　目前世界上有許多團隊在地底觀測站進行WIMP‧渺中子的探索。另一方面，具備高能量加速器的實驗室則是以人工的方式產生超對稱性粒子來進行研究。

　　WIMP‧渺中子的檢測將會成為揭開宇宙物質真面目與新超對稱理論的基礎。

以 ELEGANT 核分光器
尋找暗物質

　　大阪大學與德島大學的聯合團隊，正利用設置在大塔宇宙（地底）觀測站的基本粒子核分光器 ELEGANT5 號，進行 WIMP（弱交互作用重粒子）暗物質的探索。同一團隊正以超高感度的 ELEGANT5 號分光器進行微中子的研究，詳見前述第 5-20 節。

　　ELEGANT5 號分光器部分的大量（0.8 噸）螢光體檢測器能夠用於 WIMP 探索。螢光體中有高達千兆個的數兆倍的大量的鈉與碘的原子核。來自宇宙的 WIMP 撞擊設置，在地底下 500 公尺的 ELEGANT5 號的螢光

圖 6-4A 探索暗物質

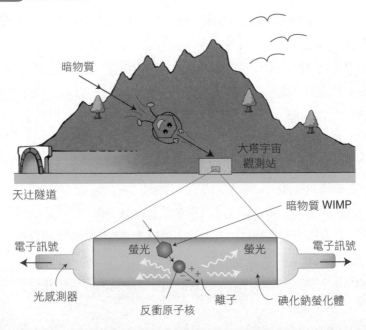

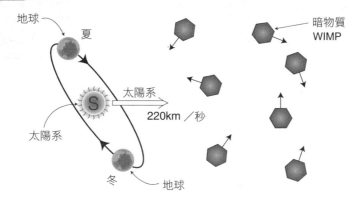

圖 6-4B　暗物質與地球的相對速度在夏天比冬天快

地球

夏

太陽系

S

太陽系

220km／秒

冬　　地球

暗物質 WIMP

冬天時公轉的速度與太陽系的速度會倒退

體內的原子核時，原子核會因反作用力而移動。利用光電倍增管將這時產生的螢光的光子轉換成電子進行測量。

　　絕大多數從宇宙來的 WIMP，會直接穿過 ELEGANT5 號，再穿過地球往宇宙另一邊飛去。只要其中有一個 WIMP 與螢光體內的任何一個原子核發生撞擊，就能夠捕捉到因反衝產生的螢光訊號（圖 6-4A）。

　　太陽系繞銀河系中心公轉是以約秒速 220 公里的速度緩慢地繞轉。地球繞太陽的公轉在夏天時速度會增加，會變快一些，冬天則會變慢。因此 WIMP 與地球的相對速度會出現增減。配合這現象觀測 WIMP 撞擊引發的原子核反衝能量的變化，區別出雜訊（圖 6-4B）。

　　WIMP 與原子核發生撞擊時，原子核內的質子會因為 WIMP 的撞擊而躍遷到外側軌道，返回原來的軌道時會放出 γ 射線。此外，原子核因反作用力而移動時，繞原子核周圍轉的電子會被甩出，放出 X 射線。在原子核反衝發生的同時量測這些 γ 射線與 X 射線，區別訊號和雜訊。上述的 WIMP 檢測法是江尻等人所設計的。

6 5 ★ 使物體運動的基本力與 大統一理論

　　構成物體的基本要素，包括使物體綁在一起及運動的基本力（圖 6-5）。

　　太陽系的基本要素是太陽與行星。行星因萬有引力（重力）而與太陽綁在一起，遵從著重力定律繞太陽公轉。

　　原子・分子的世界的基本要素，是繞著原子核轉的電子。電子因電磁力與位於中心的原子核綁在一起。這些電子遵從朝永、施溫格、費曼（註 2）所建構的量子電動力學的定律，以原子核為中心繞轉。

　　原子核的世界的基本要素是核子（質子與中子）。核子因核力（強交互作用）而綁在一起，遵從核力的定律繞者核內的軌道轉。

　　基本粒子的世界的基本要素是夸克與輕子（電子與微中子）。強子（核子與介子）內的夸克因屬於強交互作用的色力而綁在一起，遵從量子色動力學的定律，被關在強子內運動。核力的基本是強交互作用（色力）。電磁力會對夸克與帶電荷的輕子產生作用。此外，弱交互作用會對夸克與輕子產生作用，遵從弱交互作用的定律衰變、運動。

　　重力、強交互作用、電磁力、弱交互作用，共四種基本力。電磁力包括作用於電荷的電磁力與作用於磁場的磁場力，兩者在 19 世紀後半時統一成為電磁力，以馬克士威方程式（Maxwell's equation）表示。

　　到了 20 世紀後半，物理學家建構出了電弱統一理論，認為電磁力與弱交互作用是擁有共同基礎的力，這已在第 5-8 節已敘述過。統一的電磁力包含了兩方面，一是關於電磁力與傳遞電磁力的光子，另一則是關於弱交互作用與傳遞弱交互作用的弱玻色子。

　　物理學家正在研究大統一理論，該理論期望統一電弱作用力與強交互

作用，以共通架構進行解釋。在大統一理論的世界中，夸克與輕子被視作為同樣的共同基礎粒子。

　　還有可能會更進一步涵蓋重力，將四種基本力以一個大的共通架構進行解釋。這是 21 世紀的挑戰。

圖 6-5 力的粒子與力的定律‧理論

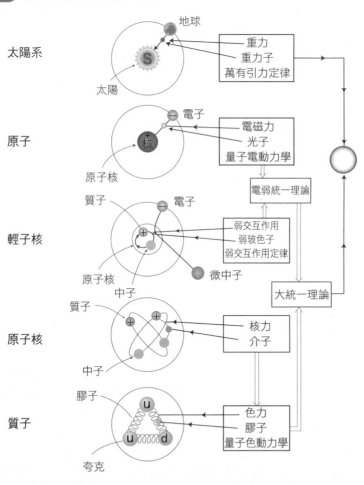

物質不滅？

在目前的標準模型的架構中，夸克的世界與輕子（電子和微中子）的世界乃是各自獨立的世界。

弱交互作用引起的 β 衰變中，會從電子的狀態變為微中子的狀態，從 u 夸克的狀態變為 d 夸克的狀態。強交互作用的色力引起的變換中，紅衣服的夸克會變為藍衣服的夸克。

上述的變換都是輕子世界內與夸克世界內的變換，不會造成夸克湮滅。核子雖然會因 β 衰變而從中子的狀態變為質子的狀態，但核子本身並不會湮滅。

在**大統一理論**的世界裡，是將強交互作用與電弱交互作用（電磁力與弱交互作用）統一，在共同的基礎上解釋夸克與輕子（電子和微中子）。也就是說夸克的世界與輕子的世界並非各自隔絕的世界，而是存在一座連結兩個世界的橋樑。

是以，夸克會變為輕子，而由夸克組成的質子會變為屬於輕子族的正電子和微中子。亦即由夸克組成的核子（質子和中子）會湮滅。構成原子核的核子若湮滅，原子核就會湮滅，原子就消失，物質也就消失。

我們把質子的湮滅稱為**質子衰變**（proton decay）。世界上有一些研究團體正在挑戰質子衰變（湮滅）的驗證，這樣的實驗被視為是大統一理論的驗證。質子是種極為穩定、幾乎不滅的粒子。平均壽命為宇宙年齡（137 億年）的一兆倍再一兆倍左右，或者更長。人類要看到一個質子在經過那麼久的歲月後湮滅是不可能的。

因此我們使用數萬噸重的檢測器，觀測其中的大量（100 億的一兆倍再十兆倍左右）的質子，有哪一個發生了衰變。實際上的作法是檢測在衰

變時放出的光子、電子、μ 介子、π 介子等等。

　　超級神岡探測器（SK）團隊目前使用五萬噸的水契忍可夫幅射檢測器，以光電倍增管測量水中的質子衰變時產生的粒子，在通過水中時放出的契忍可夫幅射（圖 6-6）。

　　原子核內的內側軌道的核子一旦湮滅，該軌道便會多出一個空位。只要量測外側軌道的核子移至該空位時放出的 γ 射線，就連核子衰變是產生微中子等看不見的粒子都能檢測出來。這方法是由江尻等人所想出來的。

圖 6-6 挑戰探索質子衰變的 SK 探測器

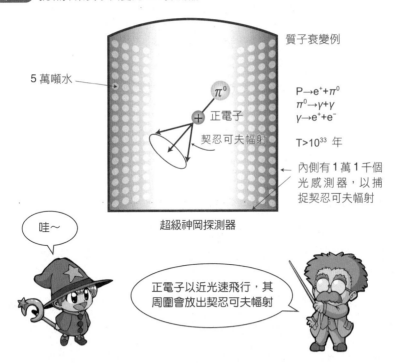

5 萬噸水

π^0

正電子

契忍可夫幅射

超級神岡探測器

質子衰變例

$P \rightarrow e^+ + \pi^0$
$\pi^0 \rightarrow \gamma + \gamma$
$\gamma \rightarrow e^+ + e^-$

$T > 10^{33}$ 年

內側有 1 萬 1 千個光感測器，以捕捉契忍可夫幅射

哇～

正電子以近光速飛行，其周圍會放出契忍可夫幅射

宇宙中的原子核、基本粒子的形成

　　宇宙起源於大霹靂，超高溫的微小宇宙在膨脹後開始冷卻，一步一步產生原子核，最後形成現在的宇宙和地球（圖6-7）。

　　大霹靂後的數萬分之一秒時的溫度有數兆度，換算成能量的話等於數億電子伏特。此時夸克突破核子（質子和中子）的殼而自由四處飛移，大量的膠子和夸克對在這時形成，亦即這時出現了夸克與膠子相的電漿狀態。

　　宇宙在時間的進行下急速冷卻，0.01～0.1秒後溫度降到1000～3000億度，換算成能量等於10～3百萬電子伏特。這時從夸克‧膠子相變成核子（質子、中子）相，接著又變成核子、電子‧正電子、微中子‧反微中子、光子，彼此撞擊進行熱運動的核子‧電子‧微中子相（圖6-7）。經過1秒後，宇宙又繼續膨脹，能量與密度下降，微中子不再發生撞擊而飛走。

　　宇宙創始的數分鐘後，微小宇宙已大幅冷卻，這時的溫度約數 10 億度，能量等於數十萬電子伏特。質子和中子互相結合，形成氘核、氦核等輕質量的原子核。相對於質子，氦核約是 1/4。

　　再經過 10 萬年左右，宇宙進入原子相。此時的溫度是 4000 度，能量約等於 0.5 電子伏特。因此電子因電磁力而結合至原子核，形成氫和氦等原子。

　　因為重力的作用，原子相互拉引而形成星體，並因為原子核反應產生各種小質量原子核。一些類型的星體在不久後燃燒殆盡變成超新星爆發，產生各種大質量原子核。

　　只能由黑洞或原子核產生的中子星，就是一些類型的超新星爆發後留下的奇特天體。

圖 6-7　宇宙的產生與各物質相

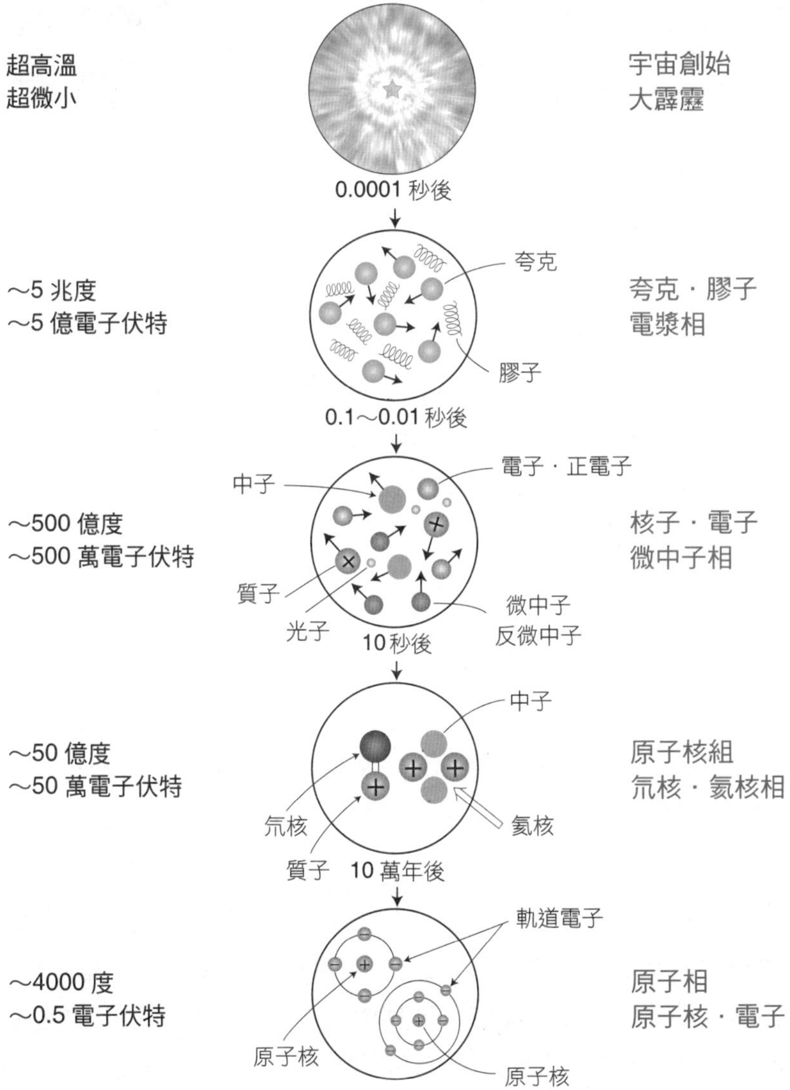

超高溫
超微小

0.0001 秒後

宇宙創始
大霹靂

～5 兆度
～5 億電子伏特

夸克

膠子

0.1～0.01 秒後

夸克・膠子
電漿相

中子

電子・正電子

～500 億度
～500 萬電子伏特

質子

光子

微中子
反微中子

10 秒後

核子・電子
微中子相

中子

～50 億度
～50 萬電子伏特

氕核

氦核

質子　10 萬年後

原子核組
氕核・氦核相

軌道電子

～4000 度
～0.5 電子伏特

原子核

原子核

原子相
原子核・電子

6
8 ★ 宇宙初始與 基本力的統一

在大霹靂發生約百億分之一秒後，宇宙是個溫度高達數千兆度的超超高溫微小宇宙，此時的動能超過了弱玻色子靜止質量能的千億電子伏特。依據南部陽一郎的理論，弱玻色子會重（質量大）是因為偶發事件造成空間扭曲，變得無法自由行動（質量變大）之故（註3）。藉由超超高溫‧高能量，弱玻色子開始自由運動，變為光子之類不具質量的粒子。

弱交互作用比電磁力弱，是因為傳遞弱交互作用的弱玻色子的質量重，弱玻色子的運動跟著遲緩，使得力的作用範圍受限之故。只要藉由超超高溫使質量變為0，就有可能讓弱玻色所傳遞的弱交互作用及光子所傳遞電磁力皆變得相同。

也就是說，在宇宙創始時的超超高溫階段，弱交互作用和電磁力都是相同的力，而在經過約百億分之一秒後，溫度稍降，弱玻色子獲得質量，弱交互作用便和電磁力分道揚鑣。

在宇宙創始後的瞬間（註4），宇宙的溫度比上述超超高溫還高，約1000兆度的十兆倍，能量約為1兆電子伏特的一兆倍。約就是將強交互作用作用的夸克世界，與弱交互作用作用的輕子世界結合在一起的力之粒子的靜止質量能。

這種超超高能量使得強交互作用與電弱交互作用（弱交互作用與電磁力）變得相同。亦即為三種基本力統一下的大統一理論的世界（圖6-8）。在這時期，超超微小宇宙會暴脹（inflation）‧冷卻，變成溫度約數千度的超微小宇宙，現在宇宙仍持續在膨脹‧冷卻中。

目前在地球上能夠藉由使高能量粒子對撞，而以人工方式製造出某程度的超高溫世界。隨著能量的提高，三種力有愈相靠近的傾向。

在宇宙創始的瞬間的能量為普朗克能量，亦即約100兆電子伏特的100兆倍的能量。這時的宇宙可能是個連重力在內的所有力都統一的世界。

另一方面，以單一理論架構將所有基本粒子加以定型化的超統一理論的研究也非常盛行。多維理論與超弦理論被認為是終極理論，受到極大的注意。這些理論都是涵蓋構成物質的基本粒子、使粒子結合在一起及運動的最基本的力之粒子、該些粒子們所存在的空間及時間的理論。

圖 6-8 宇宙的創始與力的統一

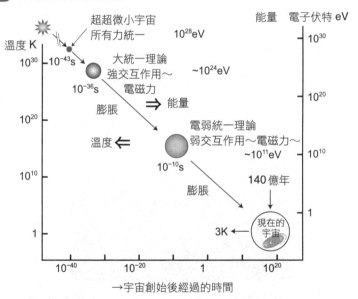

10^{10} 度是 10.000,000,000 ＝ 100 億度。1 的後面有 10 個 0
10^{-20} 秒 0.000000…001 秒。1 的後面有 20 個 0。K 表示絕對溫度

6 9 ★ 挑戰物質的 終極樣貌

進入 21 世紀後，人類朝著解開宇宙物質終極樣貌的目標，不斷積極開創新的發展。包括精密地驗證 20 世紀所建構起的原子核‧基本粒子‧宇宙樣貌與基本粒子的標準模型，以及挑戰超越標準模型、具統一性的宇宙物質終極樣貌。

在 2010 年代，於歐洲的CERN會開始進行具有 14 兆電子伏特超高能量的 LHC（大強子對撞機）的國際合作研究（圖 6-9A）。物理學家非常

圖 6-9A 大強子對撞機

（出處：CERN 網站）

展開長 27 公里的加速環

超導環場探測器

圖 6-9B　高強度質子加速器 J-PARC（東海村）

物質・生命科學實驗設施
脈衝中子源、μ介子源

原子核基本粒子實驗設施
（強子實驗設施）

核衰變實驗設施
第 II 期計劃

微中子實驗設施
往超級神岡探測器

直線加速器
300m

3Gev 同步加速器
周長 350m
25Hz,1MW

50Gev 同步加速器
周長 1,600m
0.75MW

（出處：J-PARC 網站）

期待這個研究能夠驗證標準理論中所預測的、賦予粒子質量的希格斯粒子（Higgs particle），以及發現超越標準理論的超對稱性粒子（註 5）等。

　　另外，在日本東海村的日本原子能研究開發機構，將以具有 500 億電子伏特的 J-PARC（高強度質子加速器）進行原子核・基本粒子研究，目標是在弄清楚微中子和新世代原子核（圖 6-9B）。還有在 SPring-8 則會使用波長為數公分的一百兆分之一的超短波長光子射束進行夸克・膠子的研究。物理學家將在地底深處的觀測站，利用超高感度的大型基本粒子分光器檢測來自宇宙的未知粒子、微中子、雙重 β 衰變、質子衰變等等，探索超越標準理論的新粒子和新種類的力。

　　另一方面，在物質終極樣貌的理論研究方面，同樣也展開了超越標準理論的各種研究。有認為構成物的基本粒子與力的基本粒子，具有對稱性的超對稱性理論、統一強交互作用與電弱交互作用的大統一理論、將重力等所有力都統一在一起的超統一理論、涵蓋時空的多維理論與超弦理論。偉大的挑戰將會不斷持續下去。

結語

　　進入 20 世紀後，人類開創了一個嶄新的原子核與基本粒子的世界，1 公分的一兆分之一這超微觀世界的黎明出現了。

　　1911 年拉塞福發現了原子核，接著在 1930 年代，包立預測存在微中子，而查德威克發現了微中子，海森堡則解釋了原子核的架構。原子核‧基本粒子物理學從此萌芽並蓬勃發展。

　　我出生於 1936 年，那一年正是原子核‧基本粒子的草創期。隔年的 1937 年，義大利的年輕天才物理學者艾托里‧馬約拉納（Ettore Majorana）在從西西里島經由地中海前往拿玻里的途中突然下落不明，那年馬約拉納 31 歲。關於這件事，出現了自殺、綁架、失蹤等各種說法，但到至今真相依舊不明。

　　馬約拉納在失蹤之前剛針對謎樣的基本粒子——微中子的真面目提出了一個大膽的預測。就是所謂的馬約拉納粒子，粒子與反粒子為相同粒子的粒子。微中子是種存在於所有的空間，且以光速穿過人體、穿過地球往宇宙四處飛散的基本粒子。對於當時才 1 歲的我，自然無從獲悉馬約拉納的失蹤，甚至我將會因為從事研究而和馬約拉納粒子有了關係。

　　年幼時，在福島縣磐城市經營醫院的父親常帶著我去看星星。從那時起我便迷上了星星的閃耀光輝，對廣大的宇宙懷抱著無盡的好奇。

　　在磐城市就讀小學、國中、高中的時候，我每天一放學就

是埋頭於製作電器和機械及學習物理和數學。

1964 年進入東京大學，立志研究物理。那時聽了朝永博士關於原子核與宇宙射線的演講。1956 年到 1957 年這段時間，原子核 β 衰變和微中子的研究持續出現重大發現，全世界都興奮了起來。我在這時對宇宙與原子核興起了很大的興趣，便決定要從事宇宙與原子核的研究工作。

這條原子核·基本粒子的研究之路至今已走了 50 多年，專攻於原子核的 β 衰變與微中子。這 50 多年來，著迷於自然界的真理之美、探究其真面目的每一天都令人感動。

回顧這段研究之路，曾參與過的研究有東京大學的研究所與東京大學原子核研究所時的核分光、華盛頓大學時的 β 衰變、哥本哈根大學時的旋轉·振盪運動、大阪大學物理研究中心時的高溫核、加州大學時的高能量核、KEK 高能加速器研究機構時的超核、SPring-8 時的夸克核分光計劃、大塔宇宙（地底）觀測站的開設、華盛頓大學與普林斯頓高等研究院（左下的照片）時的微中子核分光。

筆者於普林斯頓高等研究院 　　馬拉約納科學文化中心

能夠在擁有世界上最優良研究環境的各大學、研究所裡隨著好奇心的驅使，專心從事自己喜歡的研究，我覺得自己非常幸運。其間在華盛頓大學、哥本哈根大學、加州大學、大阪大學、國際基督教大學擔任大學與研究所指導的職位，認識了許多的研究夥伴，度過令人愉快的國際研究合作過程。

我最近的主要研究題目是微中子‧宇宙暗物質的核分光研究，研究團隊是由大阪大學、華盛頓大學、捷克理工大學等單位所組成的國際研究合作團隊。

2009 年 9 月，在西西里島的艾里賽（Erice）舉行了國際性的微中子會議，全世界研究基本粒子、原子核、宇宙的物理學者都聚集到了這裡。會議場地是為了紀念馬約拉納這位在西西里島出生的天才而建的馬約拉納科學文化中心（前頁右下的照片）。這會議的主題是物質的最後之鑰——微中子的本質以及原子核。

在這個會議裡，有一場筆者的主題演講，題目是在原子核中調查微中子本質之研究，這研究的目標在於驗證微中子是否是馬約拉納粒子。

進入 21 世紀後，馬約拉納所預測的最基本粒子微中子的真面目終將會公諸於世人面前，那時便是 21 世紀的物質嶄新終極形貌揭幕之時。

2009 年 9 月，於義大利的馬約拉納科學文化中心
江尻宏泰

索　引

英數字

CNO 循環　　　　　　　　　　102
D 介子　　　　　　　　　　　139
ELEGANT5 號　　　　　186, 196
ELEGANT 雙重 β 粒子分光器　186
J/ψ　　　　　　　　　　　　139
J 粒子　　　　　　　　　　　138
K 介子　　　　　　　　　　　114
KATRIN 計劃　　　　　　　　183
KX 射線　　　　　　　　　　　25
WIMP（弱交互作用重粒子）
　　　　　　　　　　　　193, 194
X 射線　　　　　　　　　　　　16
α 射線　　　　　　18, 44, 50, 76
α 衰變　　　　　　　　　　　　51
α 粒子　　　　　　　　　　44, 46
η 介子　　　　　　　　　　　114
Ω 粒子　　　　　　　　　　　113
γ 射線　　　　　　　　17, 50, 76
γ 射線分光　　　　　　　　　　72
γ 衰變　　　　　　　　　　　　51
Ξ 粒子　　　　　　　　　　　113
Σ 粒子　　　　　　　　　113, 121
τ 子微中子　　　　　38, 165, 168
τ 子　　　　　　　　38, 165, 168
Δ粒子　　　　　　　　110, 120
π 介子　　　　　　　34, 55, 114
φ 介子　　　　　　　　115, 135
β 射線　　　　　　　　　　50, 76
β 衰變　　　　　　　　　　　　51
μ 介子微中子　　　38, 164, 168, 170
μ 介子　　　　　　38, 92, 164, 168

Λ 超核　　　　　　　　　　　118
Λ 粒子　　　　　　　　　112, 121
ρ 介子　　　　　　　　　　　114

二畫

人工放射性核　　　　　79, 83, 84

三畫

大氣微中子　　　　　　　　　180
大統一理論　　　　199, 200, 204

四畫

不放出微中子的雙重β衰變　184, 187
中子　　　　12, 30, 46, 92, 124
介子　　　　34, 40, 47, 54
介子族　　　　　　　　116, 142
分子影像法　　　　　　　　　89
化石燃料　　　　　　　　94, 100
化學反應　　　　　　　　　　12
反 μ 介子　　　　　　　　　164
反 μ 介子微中子　　　　168, 170
反 τ 子微中子　　　　　　　168
反夸克　　　　　　　　　　　34
反重子　　　　　　　　　　　124
反粒子　　　　　　　　　　　116
反電子微中子　　　　　168, 170
反質子　　　　　　　　116, 124
天然放射性原子核　　　　　　50
天然放射性核　　　　　　77, 79
太陽能　　　　　　　　　　　172
牛頓力學　　　　　　　　　　22

五畫

加速器	32, 70	放射性原子核	50
包立不相容原理	126	放射線	12, 32, 44
半衰期	82	放射線強度	82
右螺旋	160	物質波	17
左螺旋	160	空間反轉	158

九畫

平均壽命	82	契忍可夫輻射	176, 201
正（反）電子	50	玻色子	194
正電子	168	穿隧效應	106
正離子	26	負離子	26
		軌道運動	57

六畫

		重力定律	198
光子	162, 198	重子	34, 142
光量子假說	14	重子族	116, 142
同位素	31		

十畫

同步加速器	71	原子	10
多維理論	205, 207	原子分光法	25
夸克	11, 13, 34, 142, 202	原子序	18
夸克磁鐵	123	原子核	11, 12, 40, 44
宇稱轉換	158	原子核分光	72
色力	40	原子核分光法	60, 72
		原子核反應	33

七畫

		原子核的殼層構造	58
串列型靜電加速器	70	原子核能量	100
冷暗物質	193	原子核顯微鏡	73
希格斯粒子	207	原子能	94
快速滋生反應爐	99	原子論	10, 12, 32
氚核	182	弱交互作用	36, 40, 148, 154, 158, 162

八畫

		弱交互作用的定律	198
味	35, 126, 168	弱玻色子	40, 162, 199
奇（夸克）	38	核力	40, 52, 79
奇異夸克	120	核力的定律	198
奇異粒子	113	核力場	53, 54, 56
奇異程度	116, 121	核子	34, 47
底（夸克）	38		
放射性元素	32, 50		

核子相	202	超弦理論	205, 207
核分裂能	94	超核	118
核能	94	超核分光法	119
核能發電	98	超級神岡探測器	176, 178, 180, 200
核融合能	94	超統一理論	207
氧原子	11	超超微觀世界	11
特徵 X 射線	25	超新星	176
迴旋加速器	71	超新星 SN1987A	176
酒精分子	11	超對稱性理論	194
馬克士威方程式	198	超對稱性粒子	195, 207
馬約拉納粒子	185	量子力學	17, 22
高溫原子核	68	量子色動力學	137
高溫核	68	量子色動力學的定律	198
		量子電動力學的定律	198

十一畫

基本要素	12	**十三畫**	
基本粒子	11, 40	微中子	11, 77
帶電荷的弱玻色子	162	微中子天文學	176
康普頓波長	55	微中子的動量	153
強子	116	微中子振盪	180
強子族	116	暗物質	39, 191, 192
旋轉運動	64	暗能量	192
氫原子	11	萬有引力	40
第一代輕子	164	鈷 60 核	51, 158
連鎖反應	96	鈽 239 核	95, 96
閉合殼層	59	鈾 235 核	86, 95, 96, 97
頂（夸克）	38	鈾 238	79, 83
釷系	84, 174	鈾系	84, 174
		雷射電子光	134

十二畫

		電子	11, 14, 38, 168
最基本要素	12	電子伏特	16
渺中子	194	電子微中子	38, 168, 170
結合能	26, 53	電中性的弱玻色子	162
紫外線	14	電弱統一理論	162
費米子	126, 194	電能	94
超子	47, 112, 116, 118	電磁力	40, 162

電磁波 17

十四畫

輕子 11, 37
輕子族 168

十五畫

暴脹 204
膠子 40
膠子相 202
質子 12, 30, 46, 124
質子衰變 200
質量數 31
魅夸克 38, 139

十六畫

獨立粒子運動 56, 62
靜電加速器 70

十八畫

雙重β衰變 184
雙重性質 16
雙閉合殼層原子核 59

十九畫

離子鍵結 27

二十一畫

鐳 44

國家圖書館出版品預行編目資料

3 小時讀通基本粒子 / 江尻宏泰作；陳銘博譯.
-- 初版. -- 新北市：世茂, 2012.08
面； 公分. --（科學視界 ；148）

ISBN 978-986-6097-57-7（平裝）

1. 粒子

339.41   101006951

科學視界 148

3 小時讀通基本粒子

作　　者／江尻宏泰
審　　訂／陳政維
譯　　者／陳銘博
主　　編／簡玉芬
責任編輯／謝翠鈺
出 版 者／世茂出版有限公司
負 責 人／簡泰雄
地　　址／（231）新北市新店區民生路 19 號 5 樓
電　　話／（02）2218-3277
傳　　真／（02）2218-3239（訂書專線）、（02）2218-7539
劃撥帳號／19911841
戶　　名／世茂出版有限公司　單次郵購總金額未滿 500 元（含），請加 50 元掛號費
酷 書 網／www.coolbooks.com.tw
排版製版／辰皓國際出版製作有限公司
印　　刷／祥新印刷股份有限公司
初版一刷／2012 年 8 月
　　二刷／2016 年 1 月

I S B N ／978-986-6097-57-7
定　　價／300 元

Bikkurisuruhodo Soryushi ga Wakaru Hon
Copyright © 2009 Hiroyasu Ejiri
Chinese translation rights in complex characters arranged with SOFTBANK Creative Corp.,
Tokyo
through Japan UNI Agency, Inc., Tokyo and Future View Technology Ltd., Taipei